近畿のトンボ図鑑

山本哲央・新村捷介・宮崎俊行・西浦信明

発行：ミナミヤンマ・クラブ
発売：いかだ社

はじめに

かつて、トンボ採りは子供の遊びとして人気があり、糸につないだおとりの雌やブリを使ってトンボ釣りをしたり、虫採り網を振り回したりする姿がよく見られたものでした。

ところが昨今は、野外で定年を迎えて昆虫撮影を始めたという方にはよく会いますが、虫取り網を持って遊んでいる子供グループはほとんど見かけなくなりました。たまに見かけるのは親子連れの小さい子供ばかりです。トンボが水辺の環境を表すバロメーターの１つであるようにいわれ、一時注目を集めた時期もありました。しかし現状は、近畿地方各府県でトンボを調べている若い人は数えるほどではないでしょうか。

その一方で、生物相はどんどん変化してきています。メダカが絶滅危惧種の仲間入りをするなど、われわれの年代には想像もできなかったことですが、同じことはトンボについても起こっています。夏の山頂付近で見ることができたおびただしい数のアキアカネも今や数えるほどになっているところが多くなりました。私たちのふだんの生活の場が、生物豊かな自然環境と徐々に隔離されてきている中で、このような異変を体感している人はどれだけいることでしょう？　童謡「あかとんぼ」にうたわれた光景は「めだかの学校」とともに遠い過去の情景となってしまうかもしれません。

それでも近畿地方は溜池数日本一の兵庫県、溜池密度日本一の大阪府、日本最大の湖である琵琶湖を擁する滋賀県など水環境に恵まれていて、トンボを知るにはまだ恵まれているほうではないでしょうか。

一方、トンボを調べてみたいという初心者の方々から、写真と照らし合わせることができる使いやすい図鑑があれば、という要望を多く聞きながらも、高価な書籍しかないという状況を残念に思っていました。

このたび幸いにも、ミナミヤンマ・クラブの新沼光太郎氏の企画により、近畿地方のトンボを幼虫も含め、全て網羅した図鑑を刊行する機会を与えていただくことができました。リュックに入れて持ち歩け、なおかつ同定に不足のない図鑑を目指して編集しました。初心者のみならず、環境調査のための同定作業に携わる方々にも活用していただけることを期待してやみません。

なお、著者の一人、新村はホームページ「近畿地方のトンボ雑記」「芦屋市のトンボ」を開設しています。羽化殻、卵の解説や幼虫飼育方法など、本書で割愛した内容やトンボ情報が満載のページですので、ぜひ一度ごらんになってください。

http://tombon.com/

http://homepage2.nifty.com/syosim/

本図鑑製作にあたり次の方々にお世話になりました。厚くお礼申し上げます。(氏名 五十音順)

【標本写真用の資料・生態写真提供】

入川文一 (ミヤマサナエ♀奈良)
江平憲治 (アオビタイトンボ♂)
大野　徹 (ナゴヤサナエ♂愛知、ホソミイトトンボ越冬♂愛知)
尾園　暁 (コモンヒメハネビロトンボ♂、ヒヌマイトトンボ部分)
片谷直治 (コフキトンボ、オビ型♀奈良)
刈田悟史 (アオビタイトンボ幼虫)
小浜継雄 (アメイロトンボ♂♀)
清水典之 (ヒラサナエ♀・タイワンウチワヤンマ♀生態写真)
杉村光俊 (アメイロトンボ♂・コモンヒメハネビロトンボ♂生態写真、ナゴヤサナエ♀背面標本画像徳島、オオギンヤンマ♀幼虫、♂)
棚橋　茂 (メガネサナエ幼虫)
二橋　亮 (タイリクアキアカネ♂、スナアカネ♂、オナガアカネ♀)
吉田雅澄 (オオサカサナエ幼虫)

【撮影協力・卵提供その他】

青木典司　東　輝弥　一井弘行　今森光彦　鵜飼貞行　桑原英夫
澤田弘行　杉村光俊　成田茂生　仁木梅子　西上慎治　二橋　亮
藤本勝行　松本導男　森岡康之　八木孝彦　横山　透　吉田雅澄

目次

近畿地方のトンボ相

近畿地方は、大阪府、京都府、兵庫県、奈良県、滋賀県、和歌山県及び三重県から構成される地域で、本州の中央やや西寄りに位置する。

地形的には、志摩—和歌山を横断する中央構造線の北側に、大阪平野、生駒山地、京都盆地、奈良盆地、比良山脈、笠置山地、近江盆地、上野盆地、鈴鹿山脈、伊勢平野といった地塁、地溝が発達し、これらの平野や盆地には、かつては低湿地が広がっていたと考えられる。その中でも日本最大の面積と地史的に古い起源をもつ琵琶湖と、これから流れ出す淀川水系には魚類・貝類をはじめ多くの固有種が知られている。またその西側の京都府から兵庫県にかけては中国山地や丹波山地があり、老年期の山並みや、隆起準平原が見られ、比較的穏やかな流れや、湿地がところどころに見られる。これに対し、中央構造線以南の紀伊半島には修験道の場と知られる大峰山をはじめ険しい山が重なり合い、河川は深く山を削るように流れた後ただちに海に注ぎ、平野や盆地はほとんど発達していない。

また気候に関しては、3つに分けることができる。中国山地・丹波山地以北の日本海沿いの地域は冬に降雪の多い日本海側気候、播磨灘・大阪湾周辺とそれに続く地域は無数の溜池が分布し、年間を通じて降水量が少ない瀬戸内海式気候、それに紀伊半島の南東部から伊勢湾に面した地域は、梅雨や台風の影響を受けて夏の降水量が多い太平洋側気候である。このうち大台ケ原は年間の降水量が4000mmを超え、日本でも有数の多雨地域である。

このような自然の多様性の高い近畿地方はトンボ相も豊かで、迷入種9種を含めて103種が記録されている。この数は日本で記録されているトンボ総数の約47%にあたり、近畿地方の総面積が国土総面積の9%にも満たないことを考えると、非常に恵まれているといえる。

この中でオオサカサナエは国内では琵琶湖－淀川水系及び三重県の一部のみから知られ、日本固有種のメガネサナエも琵琶湖が国内最大の産地となっている。日本固有種のナニワトンボは瀬戸内及びその周辺地域のみから知られ、近似種でやはり日本固有種のマダラナニワトンボは鳥取県から秋田県にかけての日本海沿いの地域の他、瀬戸内海週辺、近畿地方及び東海地方の一部地域に知られる。オオキトンボもかつては全国に広く分布していたが激減してしまい、現在では兵庫県南部を含む瀬戸内海周辺地域には比較的産地が残っているものの、その他の地域ではごく限られている。海に近い汽水域にのみ生息する種としてヒヌマイトトンボがあるが、近畿地方では淀川河口、熊野灘、伊勢湾、京都府及び兵庫県の日本海沿いの限られた場所から知られる。タイリクアカネは本州の中央部で分布の空白地帯のある特異な種であるが、近畿地方では瀬戸内海から熊野灘にかけての海岸沿いの池沼に発生することが知られており、最近では内陸部のプールでも見られるようになった。

アオモンイトトンボやムスジイトトンボも海岸沿いに産地が多いが、琵琶湖など一部内陸部にも入っている。大阪平野や伊勢平野などの低地は、平地の止水性のトンボの生息地で、ベニイトトンボや、かつてはベッコウトンボなども記録されていたが、都市化や開発の波を受けその多くの産地が失われてしまった。しかしその中にあって、4万を超えて全国一位の数の溜池を擁する兵庫県には播磨地域に平地性の種が比較的よく残っている。

丘陵地から山地にかけては、流水性のカワトンボやサナエの類が見られるが、さらに山深い山地の源流から渓流にかけては、ムカシトンボ、クロサナエ、ヒメクロサナエ、ミヤマカワトンボが見られる。北方系の種では、ルリボシヤンマが高い山の山頂または麓の冷涼な池沼に分布するのに対し、オオルリボシヤンマは高い山の池だけでなく、林に囲まれた平地の池でも見られる。モイワサナエの亜種であるヒラサナエは滋賀県、京都府及び兵庫県の背稜付近から日本海側にかけて産地が点在する。コサナエも日本海沿いに分布するが、信楽高原や紀伊半島の熊野灘沿いにも隔離分布が知られる。しかしながら、近畿地方には2000mを超える高山がないこともあって、岐阜県、福井県を南限とする北方系の数種は残念ながら生息していない。

中央構造線以南の紀伊半島は山が険しく平野が発達しないため、アオハダトンボ、ニホンカワトンボ、ホンサナエ、キイロヤマトンボ、ハッチョウトンボなどの種は、紀伊半島南部には生息しないか、あるいは産地が局限される。逆にアサヒナカワトンボの橙色翅型の出現頻度は高まる。グンバイトンボは緩やかな河川に生息するが、比良山以西の中国山地、丹波山地と志摩半島付近に隔離して分布する。フタスジサナエ、オグマサナエ、タベサナエは、西日本に分布する止水性のサナエであるが、前述のコサナエとあわせて近似種間の棲み分け問題は興味深い。

淡路島は、高い山がないため、ムカシトンボをはじめ深い山地に生息する渓流性の種を欠いている。その一方で、ニホンカワトンボが知られておらず、アサヒナカワトンボの♂に橙色翅型が現れる点で、兵庫県の対岸地域とは趣を異にする。

近年の地球温暖化によって分布を拡大しつつある種もある。タイワンウチワヤンマは1980年代までは兵庫県淡路島、和歌山県及び三重県から知られ、尾鷲付近が東限であったが、現在東は神奈川県まで記録され、近畿地方でも北上しつつある。また、アオビタイトンボも近年北上を続け福岡県まで達しているが、2001年には兵庫県で観察例がある。

迷入種としてはこの他、オオギンヤンマ、ハネビロトンボ、コモンヒメハネビロトンボ、アメイロトンボなど東南アジア系の種が夏から秋にかけて記録され、秋には北西の季節風に乗って、タイリクアキアカネ、オナガアカネなど大陸系の種の日本海沿への飛来が記録されている。またスナアカネも大陸からの飛来と考えられている。

近畿地方各府県の記録種数（2009年3月現在）

兵庫県	大阪府	京都府	滋賀県	奈良県	和歌山県	三重県
100	98	100	98	92	90	99

ハネビロエゾトンボ♀：*Somatochlora clavata* Oguma 堺市南区

1　本書では2008年末までに近畿地方で記録された103種のトンボを収録した。

2　卵期、幼虫期は新村による室内飼育下での記録であり、温度差及び給餌の影響から多くの種で野外より成長が早まったものがあると考えられる。また、野外より水温が高いために卵期が短くなっている種や、逆に長くなっている種もあると考えられる。したがってライフサイクルも特に複数年を要する種については飼育データや野外での観察、文献を参考にして近畿地方での年数を推定したものが多く、実際とは異なる可能性がある。本書では１年２世代型は１年のうちに成虫が２世代出現するもの、１世代２年型は産卵された翌々年に羽化するものを表す。卵越冬か幼虫越冬かは卵期などで判断されたい。

3　成虫の体長は頭部から腹部の先端（尾毛または尾部付属器を含む）までの長さで、幼虫とも新村の所有する標本の実測値に文献の値も一部加味した。

4　出現期は近畿地方での筆者らの観察を基に例外的な記録はカットした平均的なものを用いた。他地方の読者は注意していただきたい。分布については、迷入種を除いて国内の状況にとどめている。

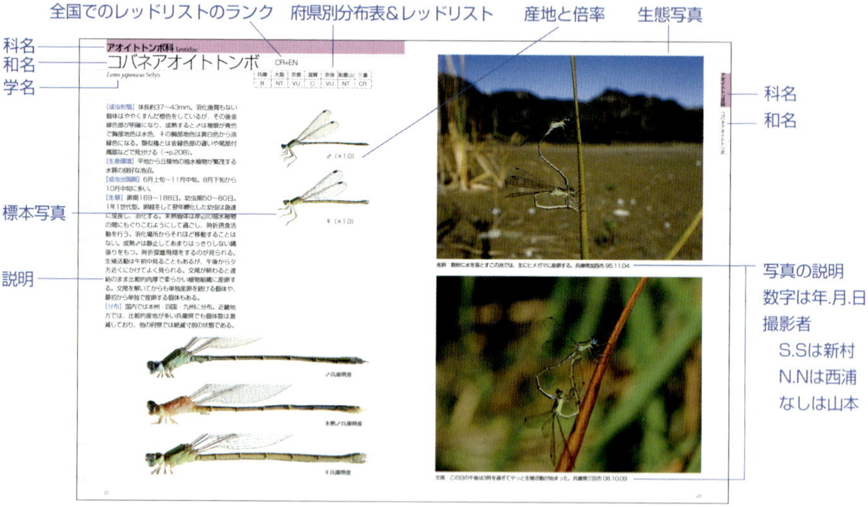

5　府県別分布表&レッドリストの表示

○は採集記録があることを表し、府県別レッドリストに該当するものは、環境省のレッドリスト表示記号を用いた。ただし、各府県で表現方法が異なるので、それぞれ下のカテゴリーの定義と照らし合わせ、当てはまると思われるものを用いた。これらのランクは必ずしも現状を表しているとはいえないので、［分布］の説明も参照していただきたい。兵庫県については絶滅の危険性の高いものから順にA、B、Cランクに分類していると思われるので、そのままの表示をした。全国版リストにランクされているものは和名の横に示した。

●環境省のレッドリストのカテゴリー定義（区分及び基本概念）
絶滅（EX）　我が国ではすでに絶滅したと考えられる種
野生絶滅（EW）飼育·栽培下でのみで存続している種
絶滅危惧Ｉ類（CR+EN）絶滅の危機に瀕している種
絶滅危惧ＩA類（CR）ごく近い将来における野生での絶滅の危険性がきわめて高いもの
絶滅危惧ＩB類（EN）ＩA類ほどではないが、近い将来における野生での絶滅の危険性が高いもの
絶滅危惧Ⅱ類（VU）絶滅の危険が増大している種
準絶滅危惧（NT）存続基盤が脆弱な種
情報不足（DD）評価するだけの情報が不足している種
絶滅のおそれのある地域個体群（LP）地域的に孤立している個体群で、絶滅のおそれのあるもの。

近畿のトンボ図鑑

カワトンボ科
アオイトトンボ科
モノサシトンボ科
イトトンボ科
ムカシトンボ科
ムカシヤンマ科
ヤンマ科
サナエトンボ科
オニヤンマ科
エゾトンボ科
トンボ科
迷入種

アオハダトンボ

Calopteryx japonica Selys

兵庫	大阪	京都	滋賀	奈良	和歌山	三重
A	VU	○	○	NT	○	○

【成虫形態】体長約55～62mm。ハグロトンボに似るが、本種♂には翅に金属光沢があり、腹端の裏側が白いこと、♀では前翅の色が薄く、白い偽縁紋（縁紋と違い翅脈で囲まれず、横脈が入っている）があることで区別できる。

【生息環境】平地から丘陵地の、ある程度砂地があり、ヨシや沈水植物の繁茂する清流。

【成虫出現期】5月中旬～7月下旬。6月に多い。

【生態】卵期11～15日。1年1世代型。前生殖期間は短く、1週間もすると産卵が見られ始める。♂はヨシなどに静止して時おり飛び立ち、追いつ追われつの縄張り争いを繰り広げる。生殖活動が活発になるのは正午をはさんだ3時間ぐらいである。求愛は独特なもので、♀の前で腹端の白い部分を誇示するようにして翅を半開きにし、肢を広げた姿勢でぱたりと着水し、数十センチ流れるフローティングと呼ばれるものである（p.9写真）。またホバリングをしながら♀の様子をうかがい、偽縁紋を目指すように翅に取り付いて連結する方法もよく見られる。ホバリング、フローティングの併用が見られる場合も多い。交尾時間は短く2分以内で終わることが多い。交尾を終えた♀では産卵管を静止場所に擦り付けるような行動がよく見られる。産卵はヨシの根元や水草に行うが、潜水産卵もよく見られる。

【分布】国内では本州・九州に分布するが、生息する川は限られる。近畿地方も同様であるが、中流域の水質に悪影響が出やすい生息地が多く、今後が心配される。

♂兵庫県産（×1.0）

♀兵庫県産（×1.0）

♂静止：求愛行動など見ていて飽きないトンボである。兵庫県三田市 08.06.15

♀産卵：♀の白い偽縁紋は♂にとって目印になっている。兵庫県三田市 99.05.23

ハグロトンボ

Calopterix atrata Selys

兵庫	大阪	京都	滋賀	奈良	和歌山	三重
○	○	○	○	○	○	○

【成虫形態】体長約53～68mm。黒色の翅をもつ中型のカワトンボ。♂の体は黒色で、腹部背面は金緑色。♀の体は黒褐色。アオハダトンボに似るが、翅型は細長く、♂の翅は青藍色を帯びない。腹端腹側にアオハダトンボのような白色部はない。また♀の翅には偽縁紋がない。

【生息環境】平地から丘陵地、低山地の抽水植物、沈水植物の繁茂する河川、用水路など緩やかな流れに生息する。幼虫は抽水植物の根際などで見られる。

【成虫出現期】5月中旬～10月中旬。7月から8月に多い。

【生態】卵期12～15日。1年1世代型。未熟個体は水域周辺の林床などやや薄暗い場所に群れて生活する。成熟♂は流れの抽水植物や石の上に静止して縄張りをもち、♀に対しホバリングや後翅を水面に立てて求愛行動を行う。交尾は周辺の抽水植物などに止まって行われ、産卵は単独で水中の植物組織内に行う。条件の良い場所ではしばしば♀が集団で産卵する。

【分布】国内では本州・四国・九州・種子島・屋久島に分布する。近畿地方では高地を除いて広く分布する。かつては緩い流れに多く見られたが、河川改修などにより生息地が激減した。

♂大阪府産（×1.0）

♀大阪府産（×1.0）

♂縄張り争い：行ったりきたりを延々と繰り返す。堺市南区 08.09.07

♀産卵：水を含んだセイタカアワダチソウの枯茎に産卵している。大阪府泉南市 03.09.06 N.N

ミヤマカワトンボ

Calopteryx cornelia Selys

兵庫	大阪	京都	滋賀	奈良	和歌山	三重
○	○	○	○	○	○	○

【成虫形態】体長約64～78mm。赤褐色の翅をもつ大型のカワトンボ。後翅の翅端付近に濃色の帯がある。♂には縁紋はないが、♀には偽縁紋がある。体は淡褐色で、その上面は金緑色を帯びる。
【生息環境】低山地、山地の渓流に生息する。中流域にも見られるがその場合、背後にまとまった山塊が必要である。幼虫は水中の朽木や植物などにつかまって生息している。
【成虫出現期】4月下旬～10月下旬。5月から8月に多い。
【生態】卵期13～16日。1世代2～3年型。未熟個体は流れ付近の林縁などで見られる。成熟♂は流れの岩の上に静止して縄張りをもち、時々パトロールを行う。♂は腹端下面の白い部分を♀に示してアオハダトンボに似た求愛行動を行う。交尾は水辺付近の植物等に静止して行われる。産卵は♀が単独で水中の朽木や抽水植物の組織内に行い、しばしば水中に長時間潜って産卵することがある。
【分布】日本特産種で、北海道・本州（千葉県を除く）・四国・九州に分布する。近畿地方では低山地・山地渓流に広く分布するが、生駒山系などほとんど記録のない山地もある。

♂大阪府産（×1.0）

♀大阪府産（×1.0）

♂求愛：♀に腹端裏の白い部分を見せて関心をひく。京都市北区 06.08.26

♀潜水産卵、♂警護：1時間ぐらい潜水することも珍しくない。京都市北区 06.08.15

アサヒナカワトンボ（ニシカワトンボ）

Mnais pruinosa Selys

兵庫	大阪	京都	滋賀	奈良	和歌山	三重
○	○	○	○	○	○	○

【成虫形態】体長約42～57mm。体は金緑色で、♂は成熟すると白粉を帯びる。ニホンカワトンボに酷似するが、翅脈は粗く、翅胸は小さい傾向がある。♂には無色翅と橙色翅の2型あり、橙色翅型には結節付近に不透明斑がないか、あっても小さい。♀の翅は無色で、後胸後腹板は通常黒いが、稀に前半が黄白色の個体がある。

【生息環境】丘陵地の細流から山地の渓流まで広く生息する。ニホンカワトンボよりも河川の上流部で、樹木に覆われ閉鎖的な環境に生息するが、環境境界付近では混生することもある。

【成虫出現期】4月中旬～8月中旬。5月から6月に多い。春のトンボであるが、高地では、夏まで残っていることもある。

【生態】卵期13～17日。1世代1～2年型。未熟個体は発生地付近の低木や林床などで過ごす。橙色翅型の成熟♂は渓流のやや開けた場所で縄張りをもち、♀の飛来を待つ。無色翅の成熟♂はあまりはっきりした縄張りをもたず、あぶれ♂的に行動する。交尾は飛来した♀と行う場合と産卵中の♀と行う場合がある。♀は単独で樹陰の多い渓流の朽木などに産卵する。

【分布】日本特産種で関東地方の一部と中部地方以西の本州・四国・九州に分布する。近畿地方では全域に分布するが、♂の2型出現は地域によって異なる。紀ノ川～櫛田川水系以北のニホンカワトンボと分布が重なる地域では、原則として無色翅型のみが出現する。平地がほとんどない紀伊半島部では無色翅型に加えて橙色翅型が出現する。また、淡路島でも紀伊半島部と同様の組み合わせが見られる。

無色翅型♂大阪府産（×1.0）

橙色翅型♂大阪府産（×1.0）

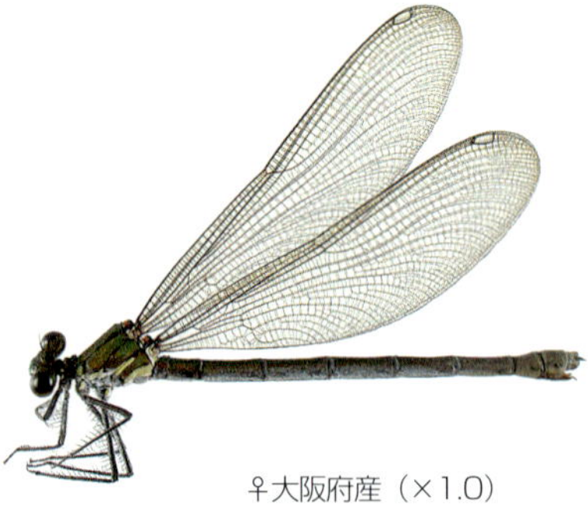

♀大阪府産（×1.0）

橙色翅型♂：大阪府ではこの型は通常出現しないが、稀に南部に出現することがある。大阪府貝塚市 99.05.22

無色翅型♀産卵：交尾後、一休みして♀が産卵を始めた。♂はそばに留まり、警護している。大阪府熊取町 94.05.22 N.N

カワトンボ科 Calopterygidae

ニホンカワトンボ（オオカワトンボ）

Mnais costalis Selys

兵庫	大阪	京都	滋賀	奈良	和歌山	三重
○	○	○	○	○	○	NT

【成虫形態】体長約48～64mm。体は金緑色で、♂は成熟すると白粉を帯びる。アサヒナカワトンボに酷似するが、翅脈は密で、翅胸は頑丈な傾向がある。♂には無色翅型、結節付近に大きな不透明斑をもつ橙色翅型及び翅脈が橙色を帯びた淡橙色翅型の3型があり、♀には無色翅型と淡橙色翅型の2型がある。成熟した橙色翅型♂は腹部背面に均一に白粉を帯びるが、無色翅型♂及び淡橙色翅型♂では腹部中央の白粉を欠く。♀の後胸後腹板の前半は黄白色。通常は下記の分布を参考にして同定すればよい。

【生息環境】平地から山地の渓流、細流に生息するが、アサヒナカワトンボより下流側の開けた川原に見られる。

【成虫出現期】4月中旬～6月下旬。5月に多い。

【生態】卵期14～16日。1世代1～2年型。未熟個体は、流れの抽水植物群落や付近の林縁で過ごす。成熟した橙色翅型♂は水辺に静止して縄張りをもつ。交尾は付近の草などに静止して行われる。産卵は♀単独で生きた植物や水中の枯れ枝などに行い、縄張り♂は付近に静止して警護する。無色翅型♂及び淡橙色翅型♂は明確な縄張りをもたず、スニーカー（あぶれ♂）として縄張り♂の目を盗んで♀と交尾する。

【分布】日本特産種で北海道・本州・四国・九州に生息する。従来ヒガシカワトンボ（北日本に分布）とオオカワトンボ（中部以西に分布）として知られていたものは遺伝子の解析の結果、本種にまとめられた。近畿地方では一部を除き紀伊半島の紀ノ川～櫛田川水系以北に分布する。型の組み合わせは地域により異なり、近畿地方では橙色翅型♂と淡橙色翅型♀の組み合わせが一般的だが、近畿中央以北では無色翅型♀が加わり、兵庫県の岡山県寄りのごく一部で淡橙色翅型♂と無色翅型♂が加わる。

橙色翅型♂兵庫県産（×1.0）

淡橙色翅型♀大阪府産（×1.0）

無色翅型♀兵庫県産（×1.0）

橙色翅型♂クリーニング：腹部を翅や肢を使って手入れする。兵庫県三田市 02.05.05

交尾：通常生殖活動は日中に見られる。兵庫県三田市 93.05.30

アオイトトンボ

Lestes sponsa (Hansemann)

兵庫	大阪	京都	滋賀	奈良	和歌山	三重
○	○	○	○	○	○	○

【成虫形態】体長約38～45mm。♂は成熟すると胸部及び腹端に白粉を生じる。♀は白粉を生じる個体と生じない個体がある。類似種とは金緑色部分や尾部付属器などの違いで区別できる（→p.208）。
【生息環境】平地から山地の水生植物の豊富な池沼・湿地に生息する。
【成虫出現期】5月上旬～11月上旬。9月から10月に多く見られる。
【生態】卵期13～172日。幼虫期約50日。1年1世代型。卵は2週間前後で完成後、休眠して越冬し、翌春孵化する。羽化は早朝から午前中を中心に夕方まで水辺の抽水植物などにつかまって行われる。羽化した未熟個体は近くの林内や林近くの茂った草地で見られる。前生殖期間はアキアカネ同様長く、寒冷地では短くなる。交尾は水辺近くの植物などに静止して行われる。産卵は主として♂♀が連結して、イネ科などの生きた植物組織内に産卵する。潜水産卵することもあるが、ほとんどは水面より上で、かなり高いところに産卵することも多い。
【分布】国内では北海道・本州・四国・九州に分布。近畿地方全域に分布し、個体数も比較的多いが、南部低地へいくほど限られる傾向にある。

♂（×1.0）

♀（×1.0）

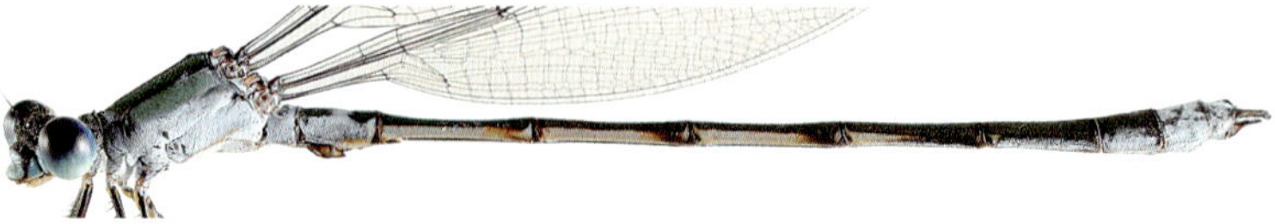
♂大阪府産

未熟♂大阪府産

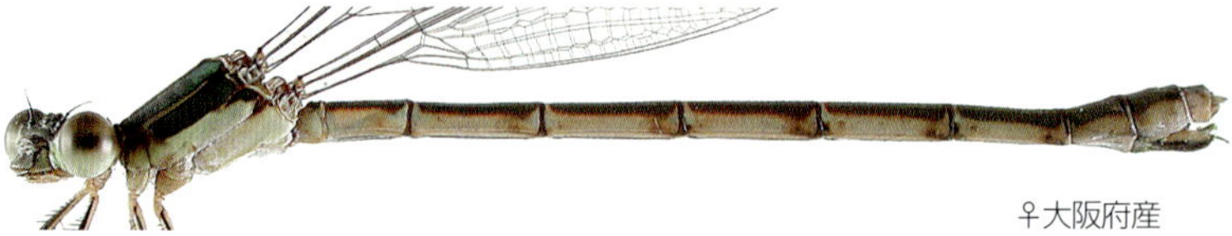
♀大阪府産

交尾：異常渇水の夏が終わり、一部の池に水が戻った。堺市南区 94.10.24

産卵：雨が降り続いた翌日などにしばしば見られる集団産卵。堺市南区 96.09.23

コバネアオイトトンボ　CR+EN

Lestes japonicus Selys

兵庫	大阪	京都	滋賀	奈良	和歌山	三重
B	NT	VU	○	VU	NT	CR

【成虫形態】体長約37～43mm。羽化後間もない個体はややくすんだ橙色をしているが、その後金緑色部が明確になり、成熟すると♂は複眼が青色で胸部地色は水色、♀の胸部地色は黄白色から淡緑色になる。類似種とは金緑色部の違いや尾部付属器などで見分ける（→p.208）。

【生息環境】平地から丘陵地の抽水植物が繁茂する水質の良好な池沼。

【成虫出現期】6月上旬～11月中旬。8月下旬から10月中旬に多い。

【生態】卵期169～188日。幼虫期50～80日。1年1世代型。卵越冬して翌年孵化した幼虫は急速に成長し、羽化する。未熟個体は岸辺の抽水植物の間に潜り込むようにして過ごし、時おり摂食活動を行う。羽化場所からそれほど移動することはない。成熟♂は静止してあまりはっきりしない縄張りをもつ。時おり探雌飛翔をするのが見られる。生殖活動は午前中見ることもあるが、午後から夕方近くにかけてよく見られる。交尾が終わると連結のまま比較的肉厚で柔らかい植物組織に産卵する。交尾を解いてからも単独産卵を続ける個体や、最初から単独で産卵する個体もある。

【分布】国内では本州・四国・九州に分布。近畿地方では、比較的産地が多い兵庫県でも個体数は激減しており、他の府県では絶滅寸前の状態である。

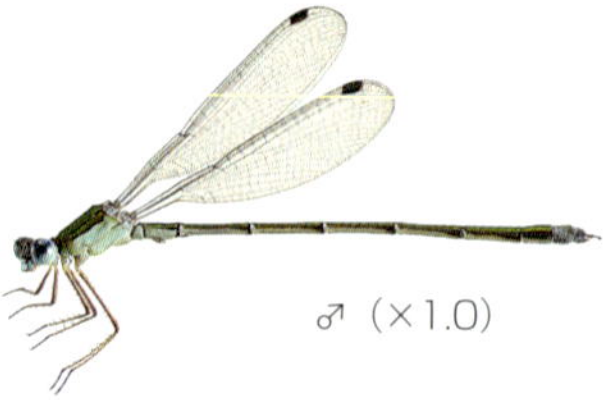

♂（×1.0）

♀（×1.0）

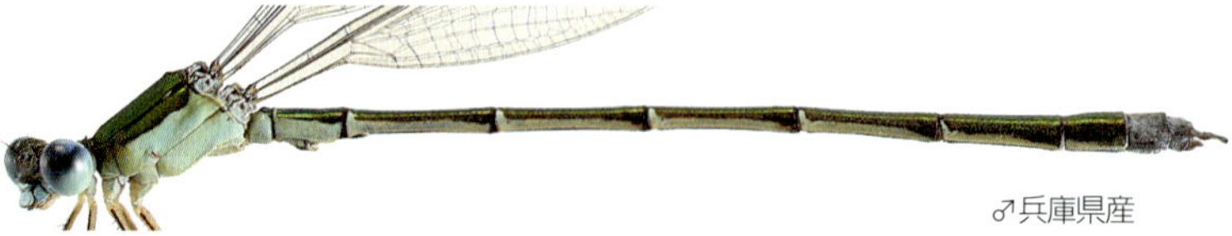

♂兵庫県産

未熟♂兵庫県産

♀兵庫県産

産卵：晩秋に水を落とすこの池では、主にヒメガマに産卵する。兵庫県加西市 95.11.04

交尾：この日の午後は3時を過ぎてやっと生殖活動が始まった。兵庫県三田市 08.10.09

オオアオイトトンボ

Lestes temporalis Selys

兵庫	大阪	京都	滋賀	奈良	和歌山	三重
○	○	○	○	○	○	○

【成虫形態】体長約41～51mm。アオイトトンボ属最大種で、類似種とは金緑色部分や尾部付属器、産卵管部の違いなどで見分けられる（→p.208）。
【生息環境】平地から山地の樹林が迫った池沼。
【成虫出現期】5月下旬～12月上旬。10月に多い。同じ場所ではアオイトトンボよりかなり発生は遅れる。
【生態】卵期126～185日。幼虫期約55日。1年1世代型。羽化は主に午前中に行われる。未熟個体は近くの林床に移り、夏を過ごす。秋になって成熟した♂は水辺に戻り、細い枝や植物の茎に止まって縄張りをもつ。高所の枝先に静止することも多い。連結態になってから交尾に至るまでかなりの時間を要することが普通で、午後遅い時刻に交尾・産卵するペアが多い。産卵は樹木の枝に太い産卵管で産み込んでいくが、１本の枝に複数のペアが集中して産み付ける傾向がある。また夜間まで産卵を継続するペアも珍しくない。通常静止する時は翅を半開きにするが、冷え込みが強くなってくると、翅を閉じる姿も見られるようになる。
【分布】国内では北海道・本州・四国・九州に分布。近畿地方全域で普通に見られる。

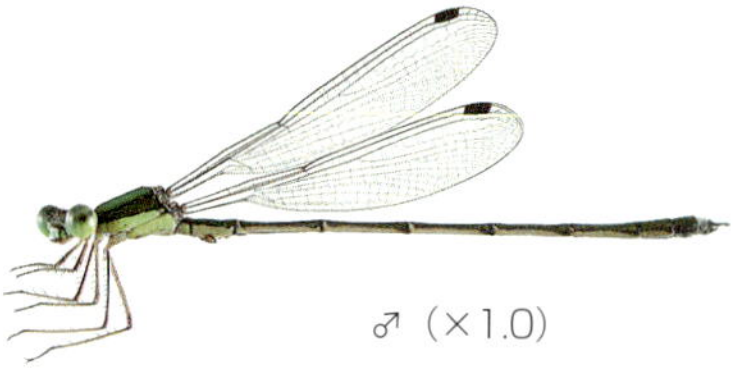

♂（×1.0）

♀（×1.0）

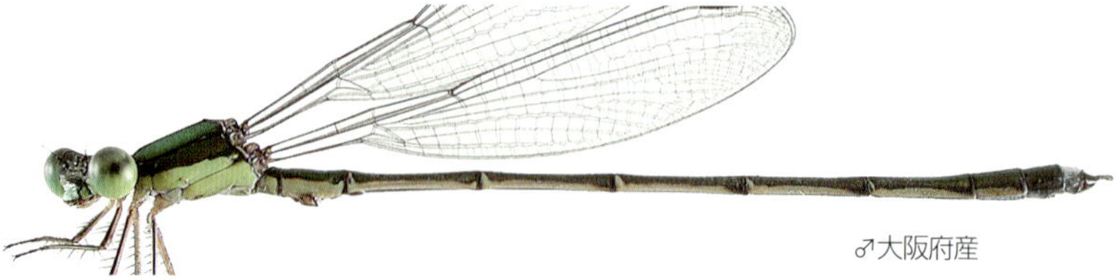

♂大阪府産

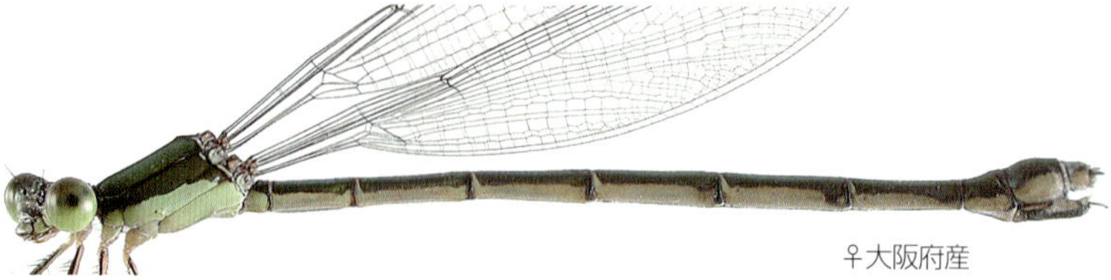

♀大阪府産

交尾：晩秋の弱い日差しの中で交尾するペアに、あぶれた♂が近づいてきた。大阪府泉南市 99.11.20 N.N

産卵：生木に産卵して被害を与え、害虫扱いされたこともある。堺市南区 99.11.23

ホソミオツネントンボ

Indolestes peregrinus (Ris)

兵庫	大阪	京都	滋賀	奈良	和歌山	三重
○	○	○	○	○	○	○

【成虫形態】体長約35～42mm。未熟個体はオツネントンボに似て、褐色の濃淡模様をしているが、翅を閉じると前翅と後翅の縁紋が重なる。越年した春には淡青色に変化するが、一部の♀にはあまり変化しない個体もある。
【生息環境】平地から山地の抽水植物が繁茂する池沼や湿地、河川の緩流部など。オツネントンボより広範な水域に適応している。
【成虫出現期】成虫で越冬し、ほぼ1年中見られる。6月末頃から出現して翌年の8月初めまでに姿を消す。水域での生殖活動は4月中旬から5月下旬にかけてよく見られる。
【生態】卵期8～14日。幼虫期約50日。1年1世代型。羽化は午前中に見られる。未熟個体は周囲の草むらや林縁に移って過ごす。その後日当たりの良い林縁部や斜面で越冬休眠するが、気温が上がると摂食などして活動する。春に体色が変化した後でも気温が低いと青色が薄れ、褐色に戻る。成熟♂は水辺の草に止まって腹部をリズミカルに上下動させたりしながら縄張りをもつ。産卵は普通、連結態で水面から突き出た生きた植物に行うが、♀単独でも行う。
【分布】国内では北海道から奄美大島までの日本全域に分布するが、東北日本では産地は少ない。近畿地方では沿岸部から高標高地まで広く分布している。

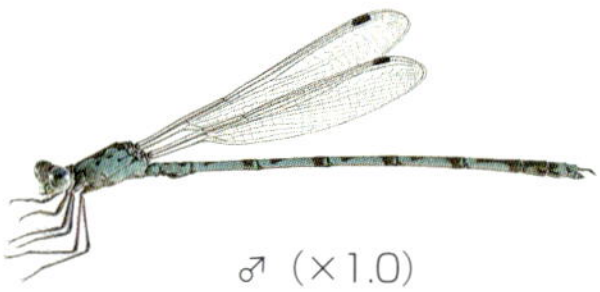
♂（×1.0）

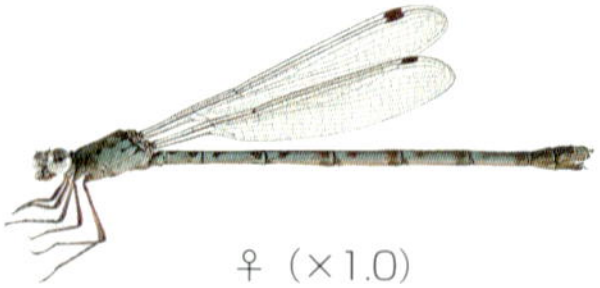
♀（×1.0）

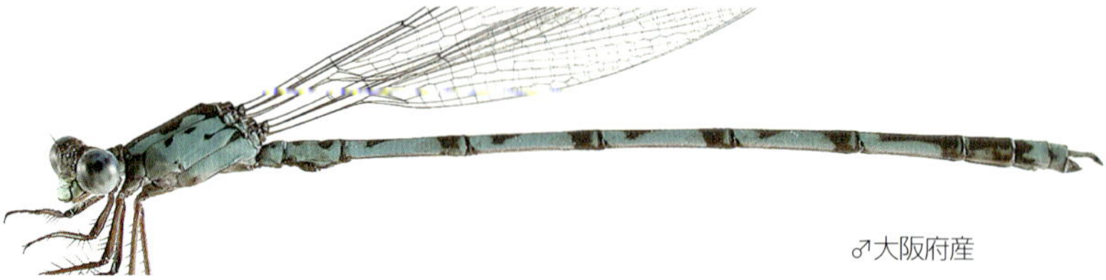
♂大阪府産

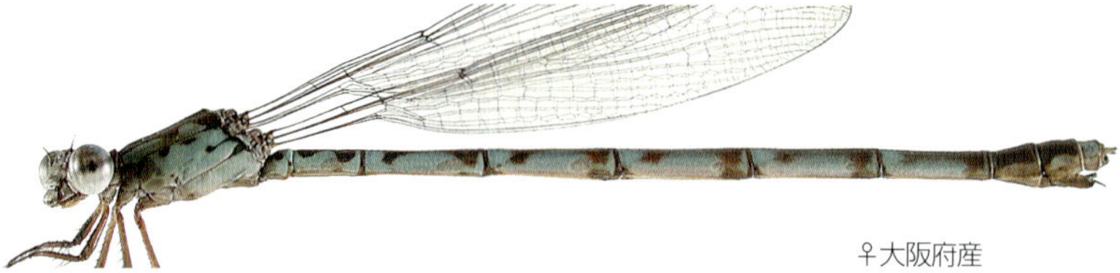
♀大阪府産

産卵：昔と違ってどこででも見られる光景ではなくなってきた。大阪府泉南市 02.04.27

♀越冬：普通は枝分かれしたようなポーズで休眠していることが多い。滋賀県東近江市 99.02.13

オツネントンボ

Sympecma paedisca (Brauer)

兵庫	大阪	京都	滋賀	奈良	和歌山	三重
○	○	NT	○	○	○	○

【成虫形態】体長約37〜41mm。褐色を基調とするやや地味なトンボ。越冬後も体色はほとんど変化しないが、わずかに翅の付け根が青く色づき、♂の複眼背面は青みを帯びる。翅は淡く褐色を帯び、閉じると前翅と後翅の縁紋は重ならない。

【生息環境】平地から山地の抽水植物が繁茂する池沼。

【成虫出現期】成虫で越冬するので、ほぼ1年中見られる。6月末頃から出現して翌年の6月に姿を消す。生殖行動は3月下旬から5月初旬にかけて盛んである。

【生態】卵期11〜14日。幼虫期約55日。1年1世代型。羽化は午前中に見られる。未熟個体は周辺の草むらや林縁に移って生活するが、水域からかなり離れた場所で見つかることもある。越冬中でも気温が上がると活動する。成熟♂は縄張りをもち、排他性は強い。肢を縮めて身を伏せるようにして静止するさまは独特である。♂は♀を捕らえると水際近くの植物に静止して移精し、その後に交尾を行う。交尾を終えたペアは連結したまま主に水辺や水面から突き出た植物の葉や茎に産卵する。早春の植物が乏しい時期には、水面に浮いた枯れ草などに産卵することも多い。

【分布】国内では北海道・本州・四国・九州北部に分布。近畿地方では日本海側と南紀地方は記録が少ない。

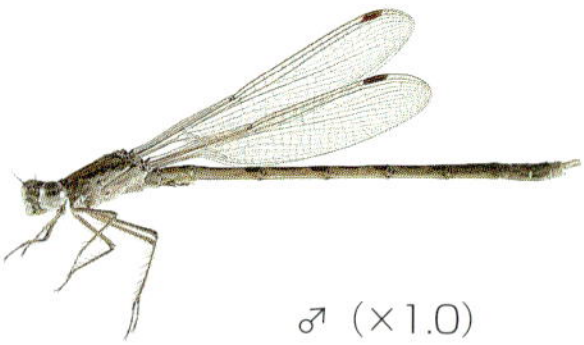

♂（×1.0）

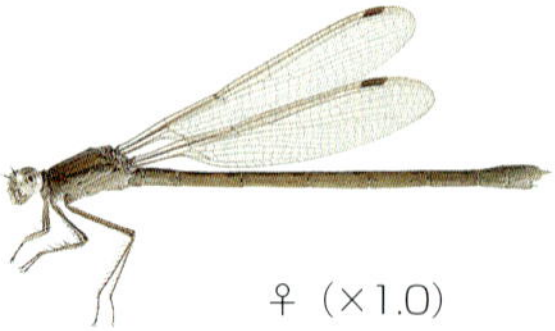

♀（×1.0）

♂大阪府産

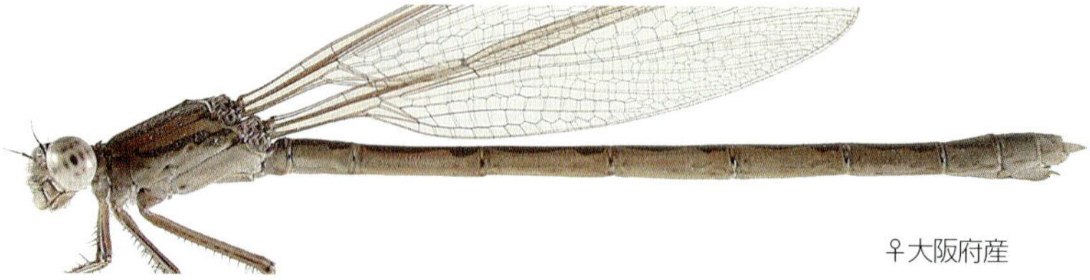

♀大阪府産

産卵：水面に横倒しになった草に産卵中のペア。産卵痕が並んで見える。大阪府泉南市 04.04.18 N.N

交尾：最も早く生殖活動が見られるトンボで、暖かい年は3月から産卵が見られる。奈良県御所市 06.05.03

モノサシトンボ科 Platycnemididae

グンバイトンボ NT

Platycnemis foliacea sasakii Asahina

兵庫	大阪	京都	滋賀	奈良	和歌山	三重
B	VU	NT	○	—	—	EN

【成虫形態】 体長約34～40mm。モノサシトンボより小型で、♂は中肢、後肢の脛節が平らになり、真っ白い軍配状になっているので、区別は容易である。♀はモノサシトンボに似ていて、川の淀みなどで混生することもあるので注意が必要である（→p.209）。

【生息環境】 砂泥底でヨシなどの抽水植物や沈水植物の繁茂する河川中流域、湧水から出る緩流や丘陵地の細流。細流に隣接した池沼で幼虫が得られることもある。

【成虫出現期】 5月上旬～8月上旬。5月下旬から7月上旬が最盛期。

【生態】 卵期10～16日。幼虫期約300日。1年1世代型。羽化は抽水植物の茎や護岸の壁などで朝方に見られる。羽化後しばらくは近くの林の下草の中で過ごし、成熟した後は水域に戻る。♂はキイトトンボのような一定リズムの軽い上下動を伴った飛翔をする。他の♂に出会った時や、連結産卵中に他の♂が近づくと白い軍配状の肢を広げて威嚇する。産卵は連結して行い、岸近くの水面から出ている水草に止まり水面下に産卵する。潜水産卵もよく見られる。♀が単独で産卵することもある。

【分布】 日本特産亜種で本州・四国・九州に分布。全国で減少が著しい。近畿地方では京都府、兵庫県に産地が多いが、水質悪化の影響を受けやすく個体数は減少している。奈良県、和歌山県には記録がない。

♂（×1.0）

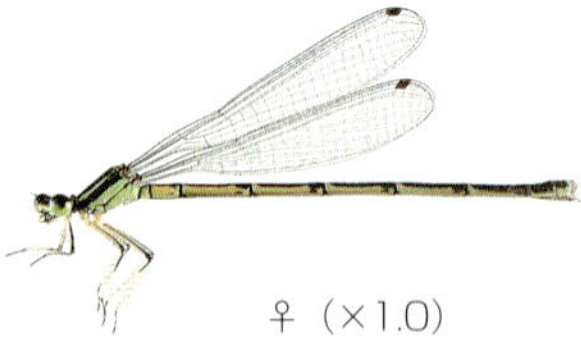

♀（×1.0）

♂兵庫県産（×1.5）

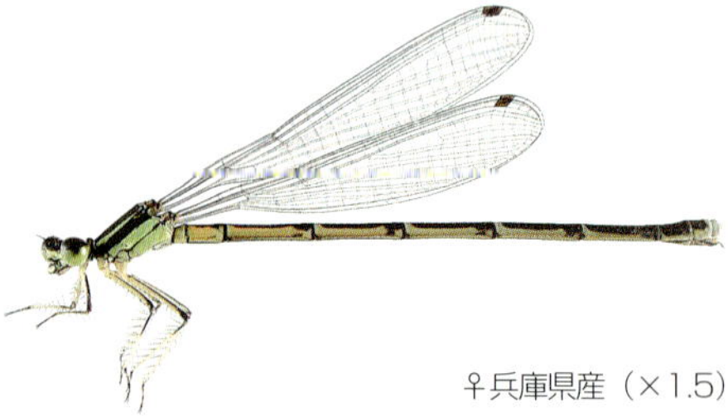

♀兵庫県産（×1.5）

産卵：♂は威嚇する時も求愛する時も軍配状の肢を広げて誇示する。兵庫県三田市 06.06.04

交尾：比較的長い時間行われ、30分を越すものも多い。兵庫県三田市 08.06.21

モノサシトンボ

Copera annulata (Selys)

兵庫	大阪	京都	滋賀	奈良	和歌山	三重
○	○	○	○	○	○	○

【成虫形態】体長約38～51mm。春から初夏にかけての個体は、晩夏に現れる個体より大きい。腹部には物差しの目盛のような斑紋がある。未熟個体の地色は黄色をしているが、成熟すると♂は淡青色に変化する。♀は淡緑色になるが、時に♂のような体色になる個体もある。

【生息環境】平地から山地の周囲に木立があり、水生植物が繁茂する池沼。河川の淀みなどでも見られる。

【成虫出現期】4月下旬～10月中旬。6、7月に多い。

【生態】卵期8～14日。幼虫期約310日。1年1～2世代型。羽化は主に午前中に行われる。未熟個体は羽化水域近くのやや薄暗い林床に多い。成熟♂は水辺の草に静止して狭い縄張りをもつ。交尾は早朝を中心に午前中行われることが多く、産卵は連結状態で水面まで伸びた藻や水面に横倒しになった草に行われる。

【分布】国内では北海道・本州・四国・九州に分布し、近畿地方でも全域で見られるが、標高500m以上の高地では少ない。

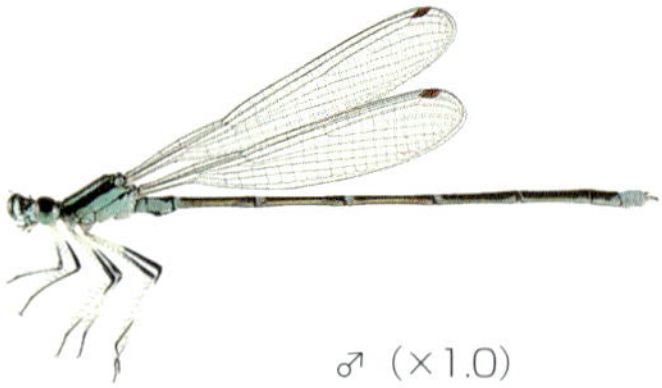

♂（×1.0）

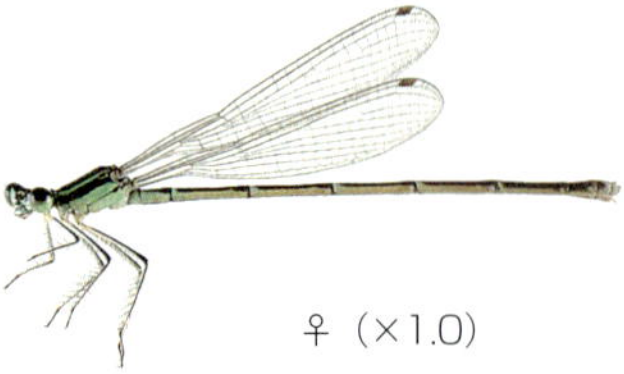

♀（×1.0）

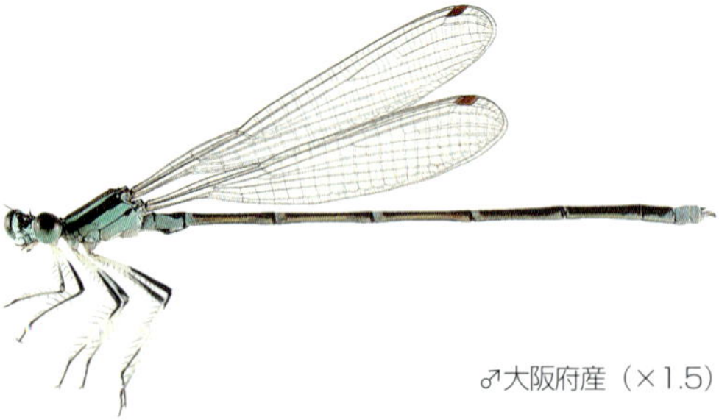

♂大阪府産（×1.5）

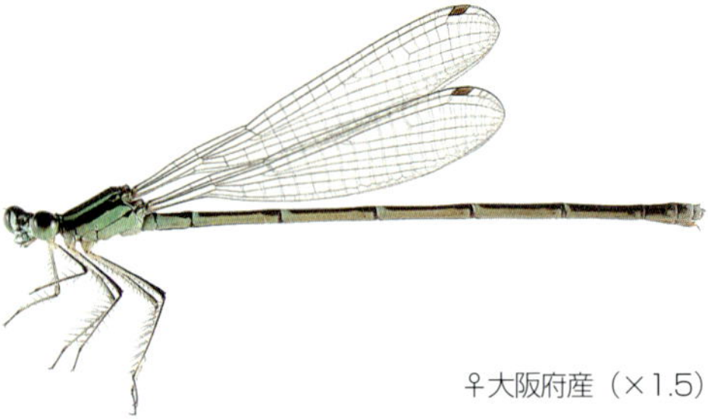

♀大阪府産（×1.5）

産卵：山手の池では遅くまで大型個体が見られる。大阪府岸和田市 08.08.14

交尾：水草が多く、やや薄暗い池によく見られる。堺市南区 99.08.15

モートンイトトンボ NT

Mortonagrion selenion (Ris)

兵庫	大阪	京都	滋賀	奈良	和歌山	三重
B	○	NT	○	VU	○	○

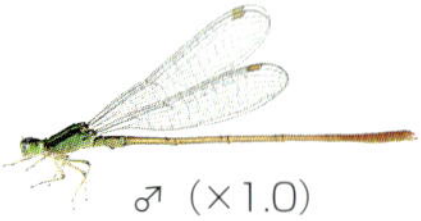

♂（×1.0）

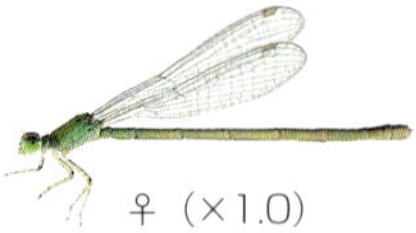

♀（×1.0）

【成虫形態】体長約23～32mm。小型のイトトンボで、♂は胸部が黄緑色で黒斑があり腹部後半は橙赤色で美しい。未熟な♀は全身が橙黄色で黒斑はないが、成熟すると緑色に変わり、腹部背面に黒条が現れる。

【生息環境】平地、丘陵地、低山地の草丈の低い抽水植物が繁茂した湿地、水田の畦脇、休耕田、池や流れのほとんどない水路の湿地状になった部分に生息する。幼虫は湿地の浅い水溜りなどに見られる。

【成虫出現期】5月上旬～9月下旬。5月下旬から7月上旬に多い。

【生態】卵期9～12日。幼虫期約330日。1年1世代型。未熟個体も成熟個体も湿地などの草の茂みの間で見られ、ほとんど移動しない。成熟♂は早朝活発に探雌飛翔を行う。交尾は早朝に限られ、湿原内の草に静止して行われる。産卵は正午過ぎ頃を中心に、♀単独で植物組織内に行われる。

【分布】国内では北海道南部・本州・四国・九州に分布する。近畿地方では広く分布するが、圃場整備に伴う乾田化など、水田周囲の環境変化の影響を受け、著しく減少している。

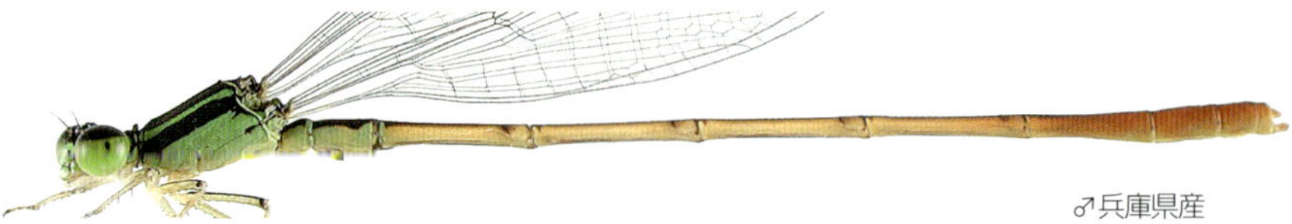

♂兵庫県産

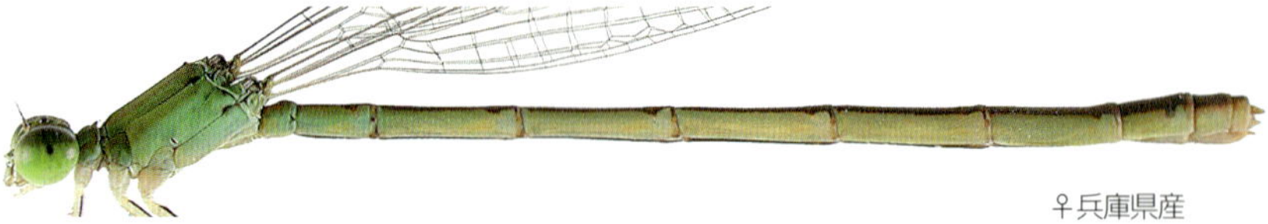

♀兵庫県産

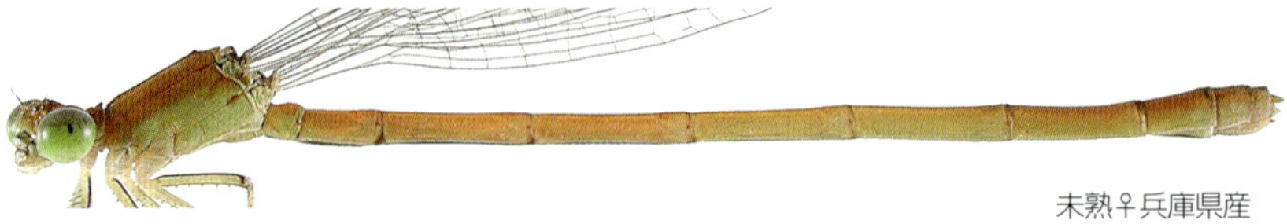

未熟♀兵庫県産

交尾：早朝に限られ、午前8時にはほとんど見られなくなっている。兵庫県加東市 02.06.08

♀産卵：暑い盛りに行われ、少しでも刺激すると中断してしまう。兵庫県三田市 02.06.15

ヒヌマイトトンボ

CR+EN

Mortonagrion hirosei Asahina

兵庫	大阪	京都	滋賀	奈良	和歌山	三重
A	CR+EN	CR+EN	—	—	—	EN

【成虫形態】体長約26～30mm。小型のイトトンボで、♂は黄緑色に黒斑があり、眼後紋が4個、翅胸前面に4個の黄緑斑がある。♀は頭部に茶釜型の黒斑があり、未熟個体は赤橙色であるが成熟すると暗褐色になる。なお、九州・中国地方には♂と同じ斑紋の同色型が知られる。

【生息環境】河口や海岸沿いの池沼・湖でヨシの繁茂した汽水域に生息する。幼虫はヨシの茂みの水中に生息する。淡水でも育つが、種間競争の結果、汽水域という特殊な環境に依存するようになったと考えられる。

【成虫出現期】5月下旬～9月下旬。6、7月に多い。

【生態】卵期8～12日。幼虫期約330日。1年1世代型。未熟個体はヨシ原の周辺で♂♀が入り混じって生息する。成熟した♂は朝方、草の間を飛翔して雌を探す。交尾は午前中ヨシ原の周辺の草に静止して行われる。産卵は午後に♀が単独でヨシ原に分け入り、ごく浅い水域に浮かんだヨシの枯れ茎などの植物組織内に行う。

【分布】国内では宮城県から山口県までの本州・九州(大分県)・対馬に分布するが、産地は局限される。近畿地方では淀川河口、伊勢湾、熊野灘、兵庫県から京都府の日本海沿いに生息するが、淀川では最近の記録はない。

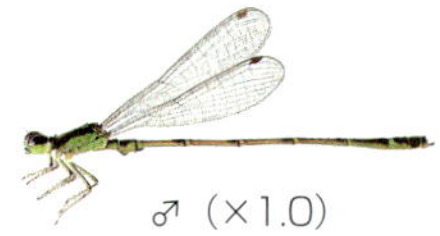

♂（×1.0）

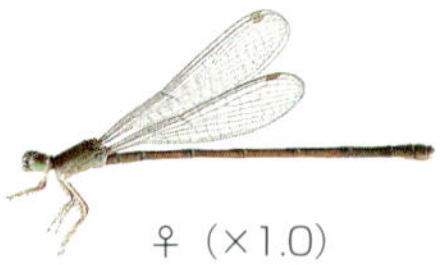

♀（×1.0）

♂京都府産

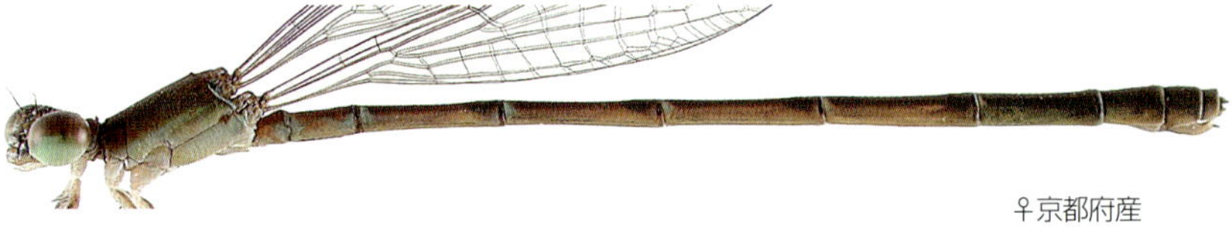

♀京都府産

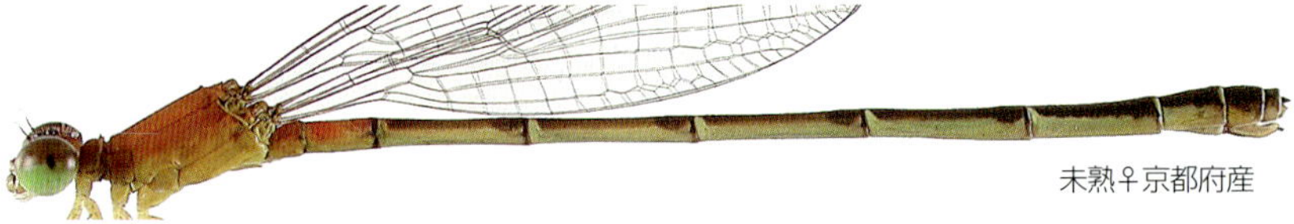

未熟♀京都府産

交尾：未熟色の♀でも交尾はするが、産卵は見られない。京都府京丹後市 00.07.23

♀産卵：午後の暑い盛りから3時過ぎ頃まで見られる。京都府京丹後市 96.07.28

キイトトンボ

Ceriagrion melanurum (Selys)

兵庫	大阪	京都	滋賀	奈良	和歌山	三重
○	○	○	○	○	○	○

【成虫形態】体長約35～46mm。黄色で太くやや大型のイトトンボ。♂は腹部第7節から第10節の背面に黒斑があり、成熟すると胸部が緑色に変化する。♀は黄色又は鈍い緑色で斑紋はない。
【生息環境】平地から低山地の抽水植物が茂る池沼、湿地、休耕田などで見られる。幼虫は水生植物周辺で見られる。
【成虫出現期】5月中旬～10月下旬。6月から8月に多い。
【生態】卵期8～10日。幼虫期60～320日。1年1～2世代型。未熟個体は発生地周辺の草地に生息する。貪欲で、共食いすることもある。成熟した♂は湿地内を弾むように探雌飛翔する。交尾は周辺の植物に静止して行われる。産卵は連結したまま植物組織内に行い、この時♂は♀の前胸部に直立して警護する。また、♀が単独で産卵することもある。
【分布】国内では本州・四国・九州・屋久島・種子島に分布する。近畿地方では広く分布する。

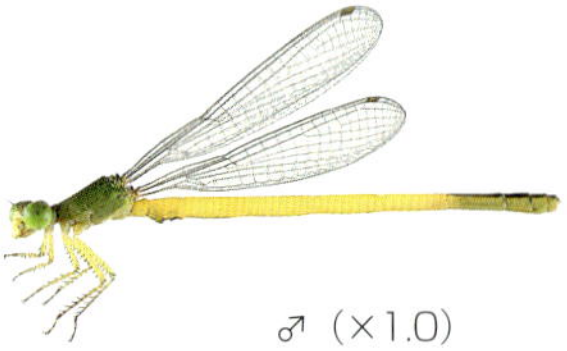

♂（×1.0）

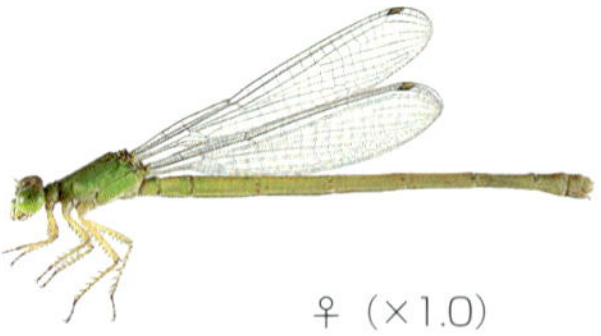

♀（×1.0）

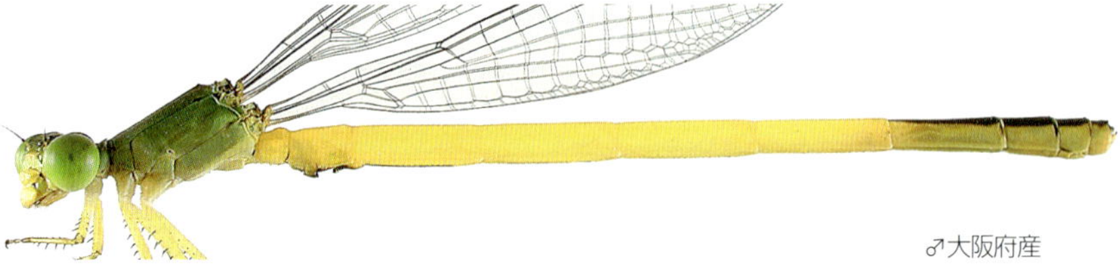

♂大阪府産

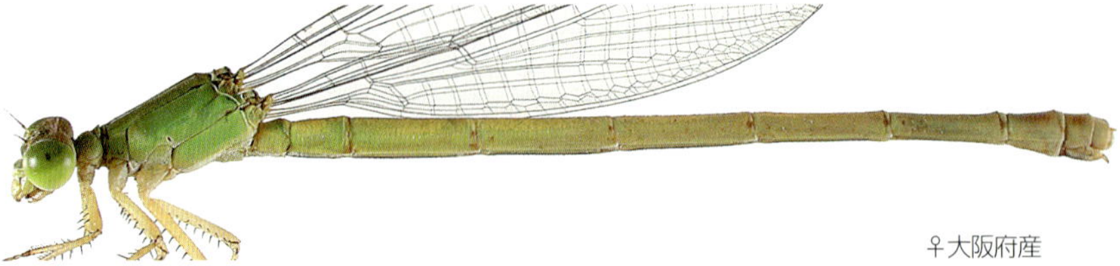

♀大阪府産

♂捕食：他のイトトンボが餌食になる光景がよく見られる。堺市南区 99.08.29

産卵：昼前後によく見られる。堺市南区 99.08.13

ベニイトトンボ VU

Ceriagrion nipponicum Asahina

兵庫	大阪	京都	滋賀	奈良	和歌山	三重
A	NT	NT	NT	NT	NT	EN

【成虫形態】体長約36～43mm。♂は全身が鮮やかな赤紅色で斑紋はない。♀は橙褐色。
【生息環境】平地から丘陵地の抽水植物や沈水植物、浮葉植物が繁茂し、周囲に木陰のある古い池沼に生息する。寺社内の池や古墳の濠で見られることもある。
【成虫出現期】5月中旬～10月中旬。6月下旬から9月下旬に多い。
【生態】卵期8～10日。幼虫期74～337日。1年1～2世代型。未熟個体は池周囲の林縁の比較的丈のある草むらなどで見られる。成熟♀は生殖活動時を除くと、池からかなり離れたところで見られる。成熟♂は水辺へ至る草地や水辺の植物に静止し、時々探雌飛翔を交え♀の飛来を待つ。交尾は水辺の草に静止して行われる。♀は交尾後連結のまま沈水植物や浮葉植物に産卵する。この時♂は♀の前胸を尾部付属器でつかんだまま直立姿勢をとる。♀は単独で産卵することもある。
【分布】国内では宮城県以南の本州・四国・九州に分布する。近畿地方では伊勢平野、琵琶湖周辺から京都盆地、奈良盆地、大阪平野、神戸市近辺にかけての限られた地域のみから知られる。水草の移植により、確認されていなかった池から発生する例がしばしばある。

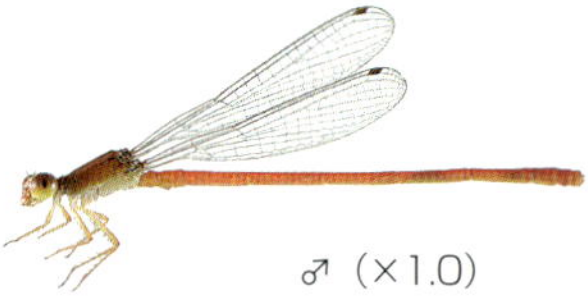

♂（×1.0）

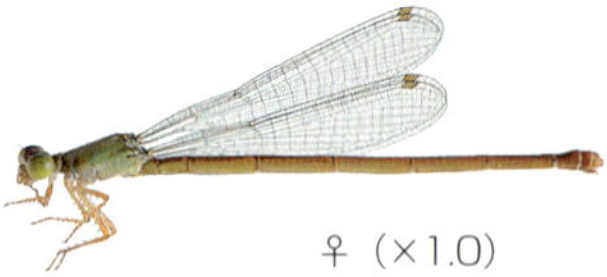

♀（×1.0）

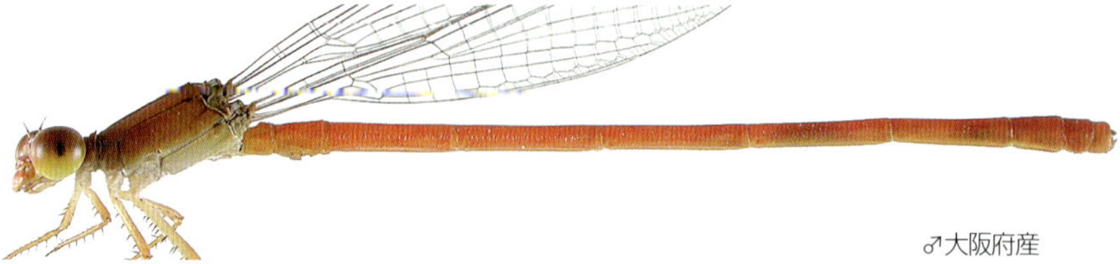

♂大阪府産

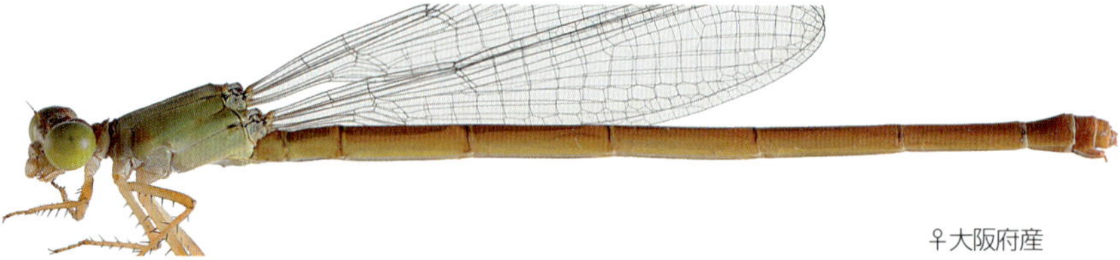

♀大阪府産

産卵：大阪府や奈良県では比較的標高の高いところにも生息地がある。大阪府岸和田市 06.08.12

移精：交尾に先立ち、♂は腹部第9節の開口から副性器に精子を移す。堺市南区 98.07.26

ホソミイトトンボ

Aciagrion migratum (Selys)

兵庫	大阪	京都	滋賀	奈良	和歌山	三重
○	○	○	○	○	○	○

【成虫形態】体長は夏型28～34mm。越冬型33～37mm。体が極端に細長いイトトンボ。越冬型は褐色基調の体色をしているが、春には♂は鮮やかな青色、♀は空色になる。夏型は緑色味が強く、やや小型で越冬はしない。

【生息環境】平地から丘陵地の水生植物が生育する池沼・湿地、流れの途中の滞水や水田などで見られる。透明度のある、水質の良好な環境でよく見られる。海岸の埋立地の水溜りなどでも見つかることもあり、移動力はあると考えられる。

【成虫出現期】夏型は6月中旬～8月に出現し、7月が最盛期。越冬型は8月上旬から翌年6月頃まで見られ、4、5月に多い。

【生態】卵期6～13日。幼虫期約50日。最短は34日。1年1世代または2世代型。成熟♂は水域で活発に探雌飛翔し、交尾は水辺の植物などに静止して行う。産卵は連結して水面にある細い水生植物の茎や、水面に浮いている枯れた植物に行う。連結状態で産卵しながら徐々に水中に入り、潜水産卵をすることも多い。越冬時は日当たりの良い林の枯れ草や細枝の垂直に近い部位に体を寄せ、腹部をやや曲げた姿勢で過ごすが、暖かい日には摂食行動などを行う。夏型、越冬型の発現がどのような条件で切り替わるかは未解明である。

【分布】国内では関東以西の本州・四国・九州に分布する。近畿地方の北部では局地的な分布をしている。その他では比較的広い地域で記録があるが、生息地は急激に減少している。

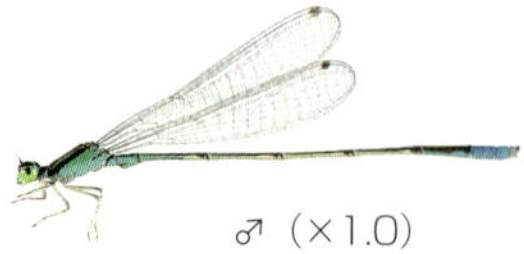

♂（×1.0）

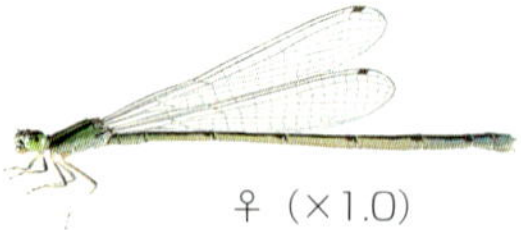

♀（×1.0）

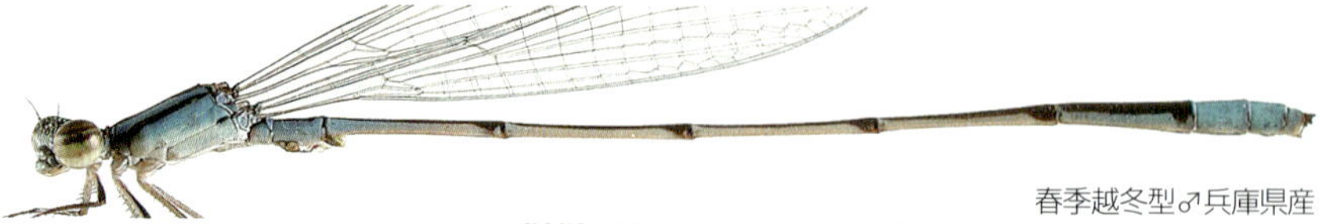

春季越冬型♂兵庫県産

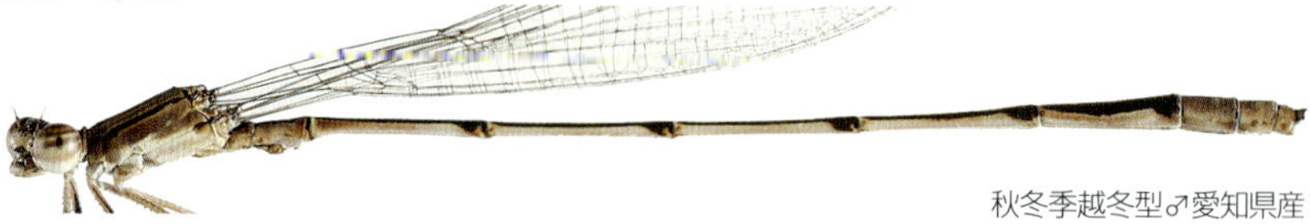

秋冬季越冬型♂愛知県産

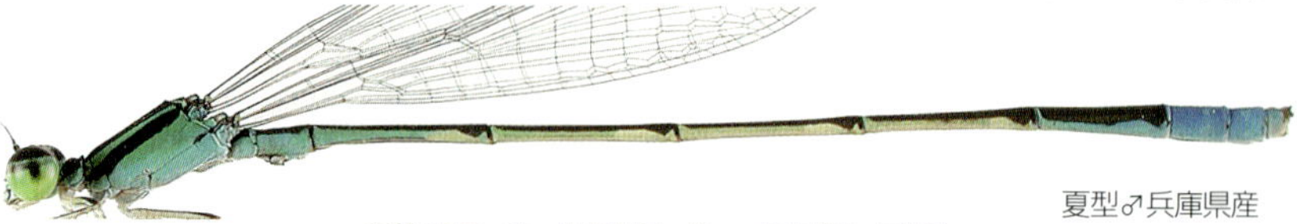

夏型♂兵庫県産

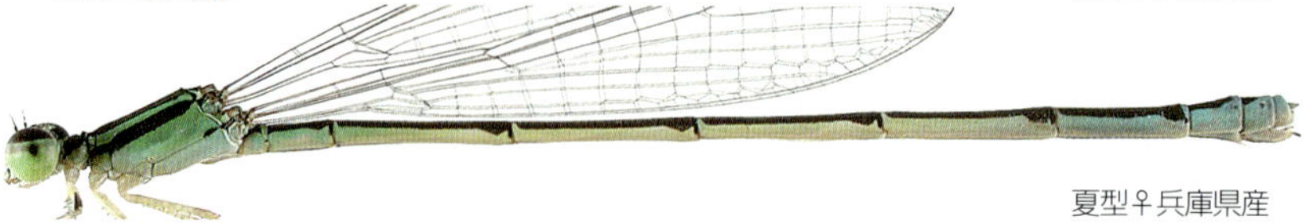

夏型♀兵庫県産

越冬型産卵：通常、越冬型の卵からは夏型成虫が発生し、夏型の卵からは越冬型成虫が発生する。兵庫県加東市 05.04.29

越冬型交尾：初夏には越冬型と夏型の配偶行動も観察されている。兵庫県加東市 08.05.04

アオモンイトトンボ

Ischnura senegalensis (Rambur)

兵庫	大阪	京都	滋賀	奈良	和歌山	三重
○	○	○	○	○	○	○

【成虫形態】体長約30～35mm。アジアイトトンボによく似るが、一回り大型で、♂の腹端背面の水色部分が第8節にあること、♀の腹部背面の黒条が第1節に届かないことなどで区別できる（→p.210）。♀には成熟につれて橙色から緑色、さらには汚れた暗赤色に変化する異色型と、♂と同じような斑紋をした同色型の2型がある。
【生息環境】平地から丘陵地の抽水植物の繁茂した池沼、用水路など。汽水域にも見られる。沿岸部の開けた環境を好み、内陸部や池の周囲に草むらの乏しい場所にはあまり見られない。
【成虫出現期】4月下旬～11月上旬。5月と8、9月に多い。
【生態】卵期8～10日。幼虫期50～261日。1年2世代型。未熟個体は羽化水域周辺の草むらに見られる。埋立地の水溜りなどにも早々と姿を現すが、アジアイトトンボほど移動性は強くない。成熟♂は夜明け直後、草の間を活発に探雌飛翔する。交尾は早朝～午前中を中心に行われ、継続時間はかなり長い。産卵は主に午後、♀が単独で水面に浮いた細い植物や藻に行う。
【分布】国内では岩手県・新潟県より南の各地に分布し、近畿地方でも沿岸部を中心に普通に見られる。

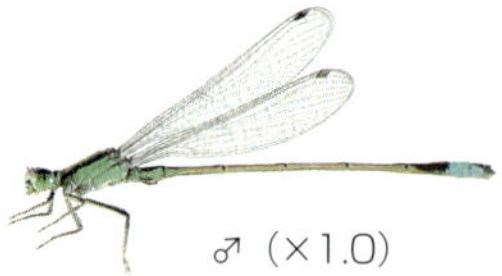

♂（×1.0）

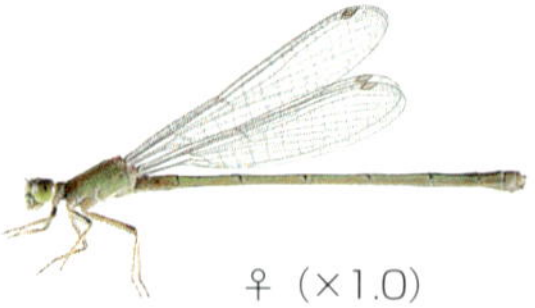

♀（×1.0）

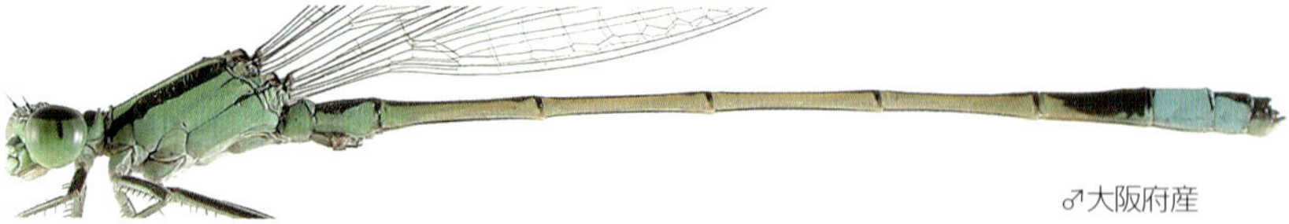

♂大阪府産

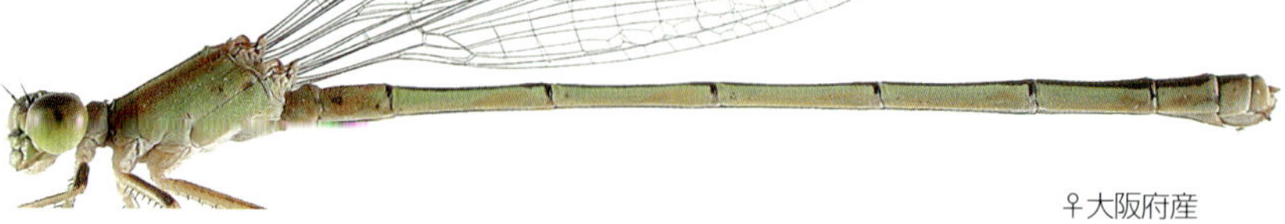

♀大阪府産

同色型♀大阪府産

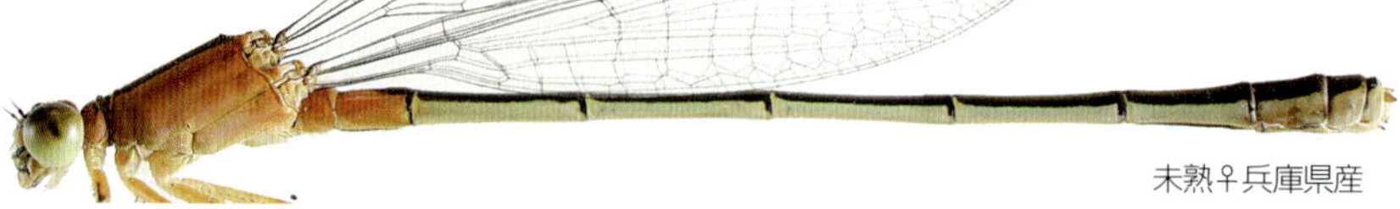

未熟♀兵庫県産

交尾：同色型♀は眼後紋まで♂と同じで、青みが強くなる。大阪府河内長野市 01.09.08

♀捕食：貪欲でしばしば他のイトトンボを襲う。ヒヌマイトトンボ未熟♂が餌食になった。京都府京丹後市 92.07.04

アジアイトトンボ

Ischnura asiatica Brauer

兵庫	大阪	京都	滋賀	奈良	和歌山	三重
○	○	○	○	○	○	○

【成虫形態】体長約25～31mm。アオモンイトトンボに似るがより小型で、♂の腹端背面の水色部が第9節にあり、♀の腹部背面の黒条が第1節前端に達するのが特徴。♀は未熟期は鮮やかな橙色で、成熟するにつれ緑色に変化する。成熟♀はモートンイトトンボにも似るので注意が必要。

【生息環境】平地から山地のアゼスゲなどが繁茂する池沼や湿地、休耕田など。沿岸部から内陸部まで広く生息する。

【成虫出現期】4月上旬～11月上旬。5月と、8月下旬から9月上旬ごろにピークが見られる。

【生態】卵期6～9日。幼虫期最短は50日。1年2世代型。未熟個体は発生地周辺の草むらで摂食して過ごす。移動性は強く、造られて間もない池などで見つかることがある。成熟♂は明瞭な縄張りはもたず、水際の植物の間を移動しながら探雌するが、あまり水面には出ていかない。交尾は水辺の植物につかまって早朝に行われることが多いが、継続時間が長く、夕方にも見られることがある。♀は午後の時間帯を中心に単独で水面付近の植物に産卵する。

【分布】国内では北海道から沖縄県まで広く分布する。近畿地方でも全域で記録されている。

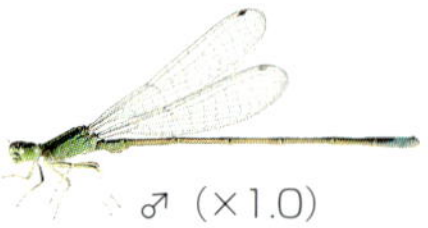

♂（×1.0）

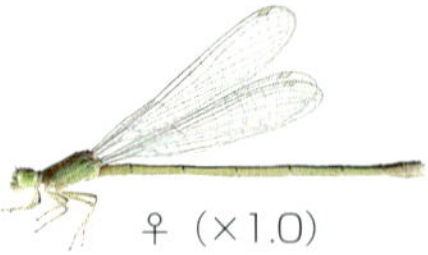

♀（×1.0）

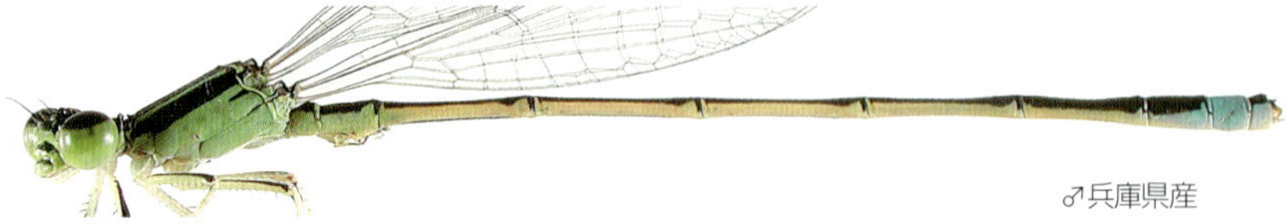

♂兵庫県産

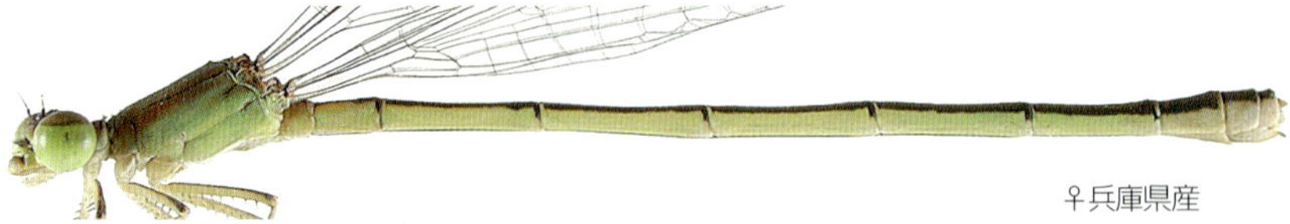

♀兵庫県産

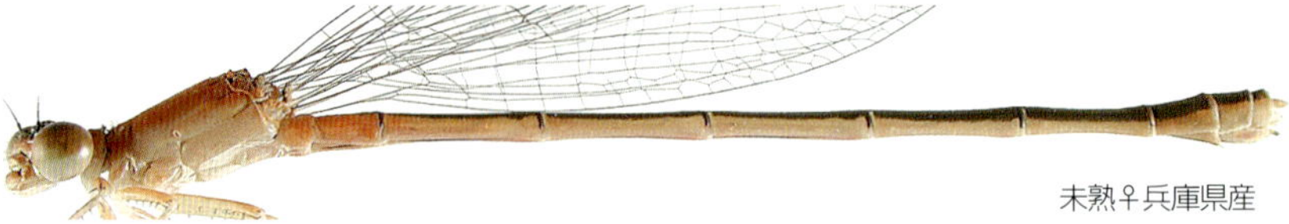

未熟♀兵庫県産

交尾：午前中に水域付近の草むらで見られる。兵庫県稲美町 08.07.15

♀産卵：午後によく見られ、アオモンイトトンボと同様に単独で産卵する。大阪府和泉市 06.09.29

クロイトトンボ

Paracercion calamorum calamorum (Ris)

兵庫	大阪	京都	滋賀	奈良	和歌山	三重
○	○	○	○	○	○	○

【成虫形態】体長約27～37mm。黒味が強いイトトンボで、眼後紋は小さく、前肩条は細いかまたは明瞭でない。♂は成熟すると胸部と腹部前半に青灰白色の粉を吹く。尾部上付属器は大きく左右に開いて、先は丸みを帯びる。♀は胸部が黄褐色から青色を基調とした斑紋をもつ。夏に羽化するものは小型化の傾向がある。

【生息環境】平地から丘陵地の浮葉植物や沈水植物が茂り、ある程度の深みと周囲に樹陰のある池沼に好んで生息する。また緩い流れや都市公園の池などでもよく見られる。幼虫は沈水植物などにつかまって生息している。

【成虫出現期】4月中旬～11月下旬。5月から9月に多い。

【生態】卵期7～13日。幼虫期約50日。1年2世代型。未熟個体や♀は周囲の林や灌木の間などで暮らす。成熟♂は水面の浮葉植物の葉上などに静止して縄張りをもち、水面すれすれを飛び回る。交尾は水域で行われ、その後連結産卵に移り、浮葉植物や沈水植物の茎などに産卵する。時にそのまま潜水し産卵する場合がある。また♀単独で産卵することもある。

【分布】国内では北海道・本州・四国・九州に分布する。近畿地方では広く分布し、最も普通に見られるイトトンボである。

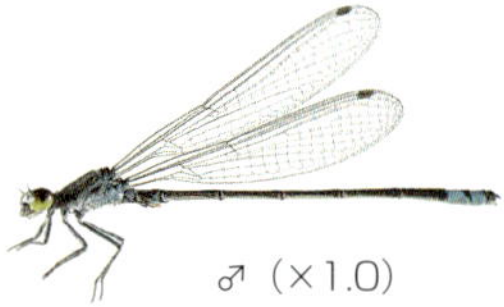

♂（×1.0）

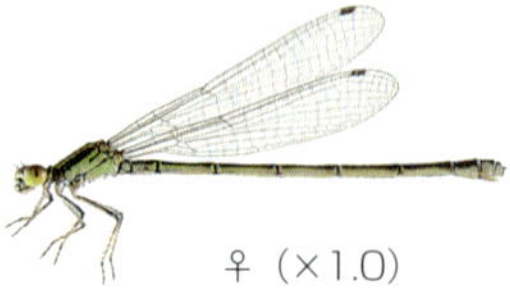

♀（×1.0）

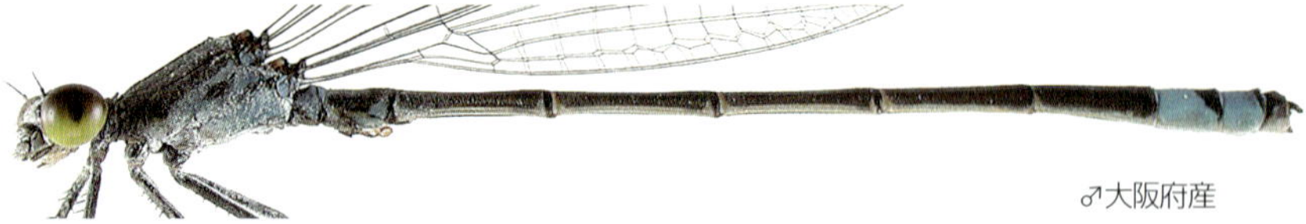

♂大阪府産

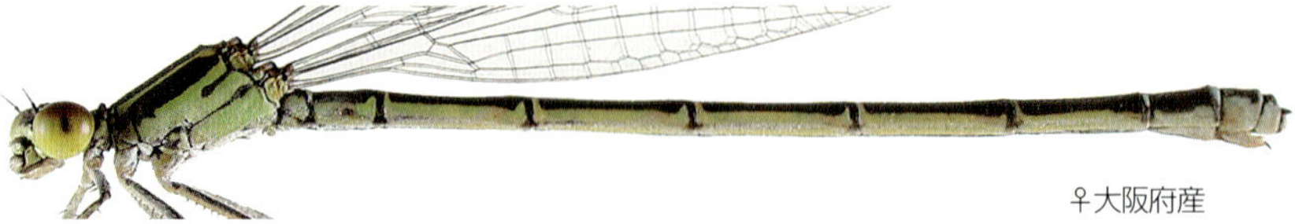

♀大阪府産

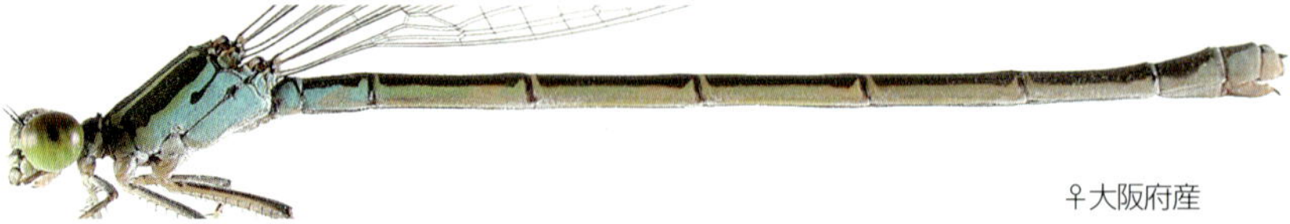

♀大阪府産

未熟♂摂食：この後、地色は青味を帯び、さらに成熟すると胸が青灰白色の粉に覆われる。大阪府阪南市 02.04.20 N.N

産卵：連結態で水面すれすれを飛び回り、産卵する。大阪府泉南市 09.05.01

オオイトトンボ

Paracercion sieboldii (Selys)

兵庫	大阪	京都	滋賀	奈良	和歌山	三重
C	○	○	○	CR+EN	○	○

【成虫形態】体長約27～39mm。中型のイトトンボで、頭部眼後紋は大きく、肩黒条はほぼ完全。♂の尾部下付属器は上付属器より長いのが特徴。♀は黄緑色と青色の2型がある。夏に羽化するものは小型化する傾向がある。

【生息環境】平地から低山地の抽水植物や浮葉植物の豊かな池沼、湿地、水田、緩やかな流れなどに生息する。比較的浅い水域に見られる。

【成虫出現期】4月下旬～10月下旬。5月から8月に多い。

【生態】卵期6～9日。幼虫期約60日。1年2世代型。未熟個体や♀は水域周辺の草むらで見られる。成熟♂は水面付近の草などに静止して縄張りをもつ。交尾は周辺の草などに静止して行われ、その後連結産卵に移り、水生植物等に産み付ける。潜水産卵を行うこともよくある。また♀単独でも産卵する。

【分布】国内では北海道・本州・四国・九州に分布する。近畿地方では広く分布するが、日本海側に産地が多く、同属他種より山間深くまで分布する。比較的水深の浅い水域を好むため、水位の安定しない瀬戸内海周辺の溜池の多い地域では産地は限られる。また、伊勢平野でもほとんど見られない。

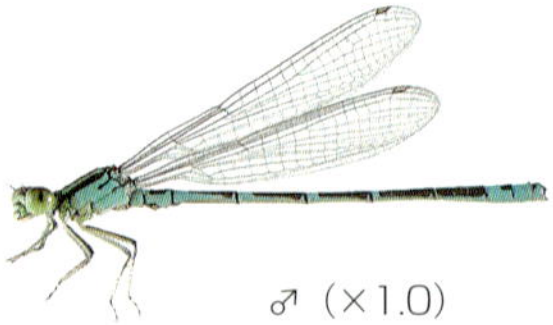

♂（×1.0）

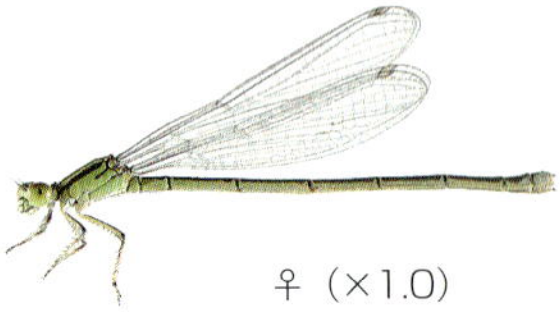

♀（×1.0）

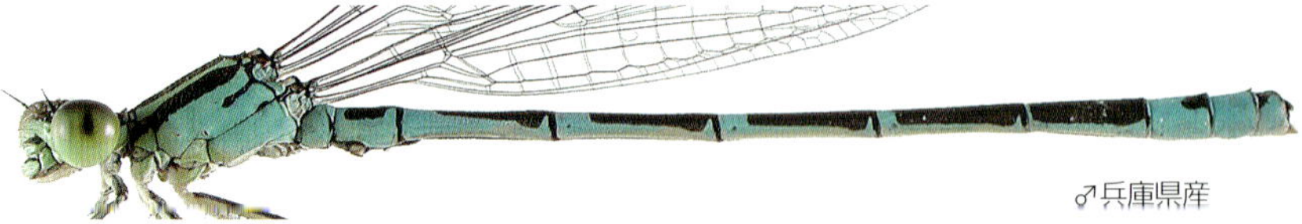

♂兵庫県産

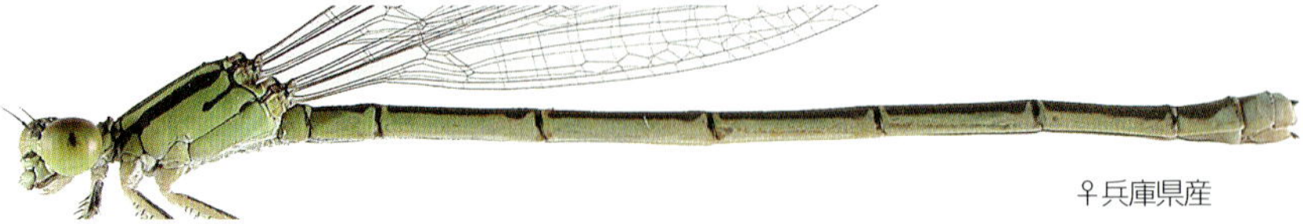

♀兵庫県産

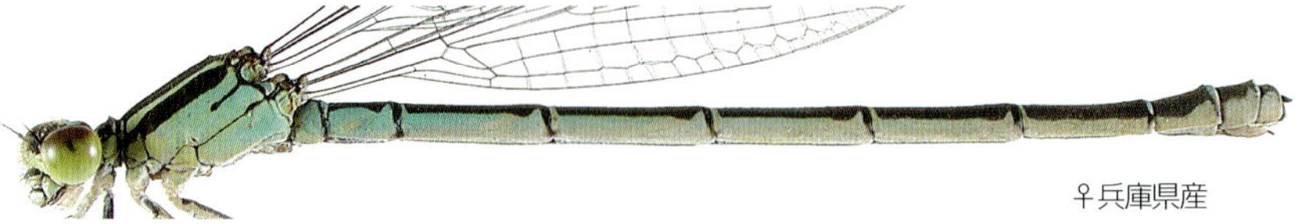

♀兵庫県産

産卵：この後、連結したまま♀は潜水して産卵を続けた。兵庫県三木市 04.05.09

交尾：近畿地方太平洋側では内陸部の、浮葉植物などがある水質の良い池で見られる。兵庫県三田市 01.05.27

ムスジイトトンボ

Paracercion melanotum (Selys)

兵庫	大阪	京都	滋賀	奈良	和歌山	三重
○	○	○	○	NT	NT	○

【成虫形態】体長約30～38mm。頭部眼後紋は細く小さい。♂は鮮やかな青色の斑紋をもち、特に複眼は藍色に近い。肩黒条はほぼ完全だが、一部の個体では淡細条を残す。♀は前胸後縁が凹むのが特徴で、胸部地色は褐色の他、黄緑～緑色まである。類似種との見分けはp.211。

【生息環境】平地、特に海岸付近の開けた池沼や河川に生息するが、琵琶湖周辺にも生息する。都市公園の池など抽水植物の貧弱な水域にも生息するが、沈水植物などが水面に達するまで繁茂している水域に多い。

【成虫出現期】5月上旬～11月中旬。7月から9月に多い。

【生態】卵期8～11日。幼虫期95～279日。1年2世代型。未熟個体や♀は水域周辺の草むらや低木の付近で見られる。成熟♂は水面に盛り上がった水草や付近の草などに静止して縄張りをもつ。交尾は水域周辺の草などに静止して行われる。産卵は主として連結で行われ、水生植物等に産み付ける。また潜水産卵を行うこともある。

【分布】国内では宮城県以南の本州・四国・九州・沖縄に分布する。近畿地方では太平洋及び瀬戸内海沿いと琵琶湖～淀川周辺に産地が点在するが、日本海側では少ない。発生地では春から初夏の個体数は少ないが、夏の終わりから秋にかけて個体数を増す。

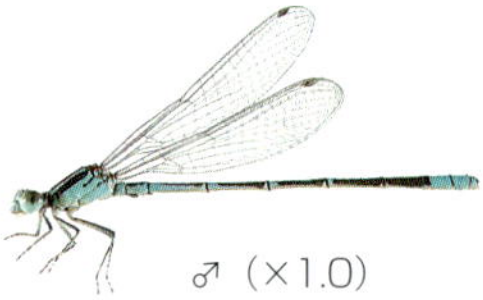

♂（×1.0）

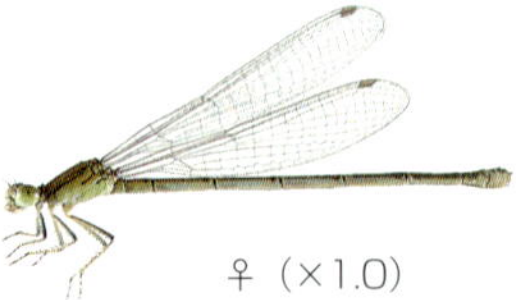

♀（×1.0）

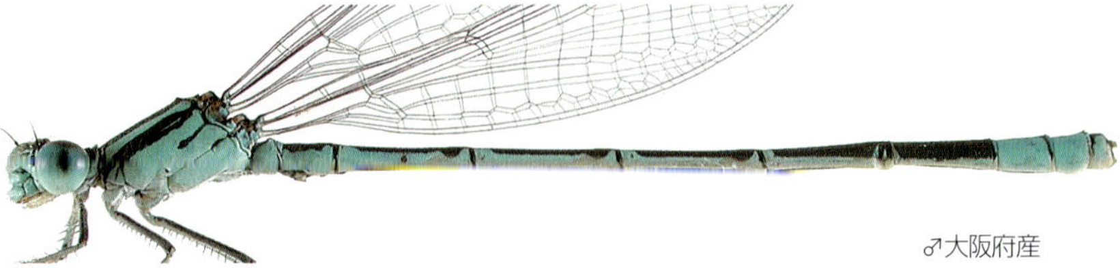

♂大阪府産

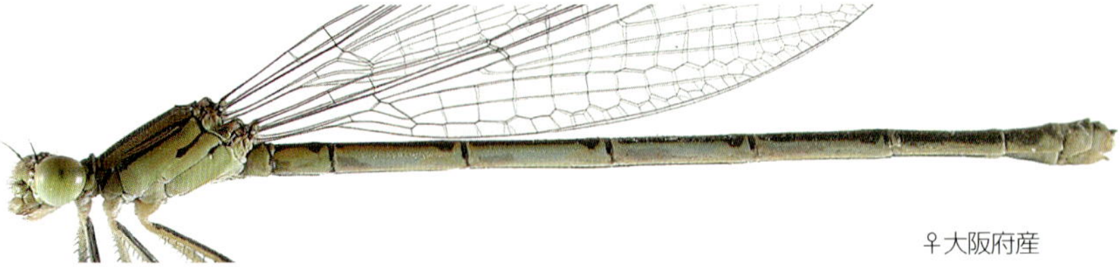

♀大阪府産

産卵：この♂はやや眼後紋が発達している。兵庫県三木市 08.05.04

交尾：♂は複眼の青が鮮やかである。三重県南伊勢町 96.10.06

イトトンボ科 Coenagrionidae

セスジイトトンボ

Paracercion hieroglyphicum (Brauer)

兵庫	大阪	京都	滋賀	奈良	和歌山	三重
○	○	○	○	○	○	○

【成虫形態】体長約27～37mm。頭部眼後紋は大きい。♂はやや緑がかった青色に黒色の斑紋をもつ。肩黒条内の淡細条は消失する個体もある。尾部上付属器は下付属器よりやや長く、左右に開いて先はとがる。♀は黄緑色の個体が多いが、腹部の黄色味が強くなり、背面黒条が顕著に退化する個体もある。盛夏から秋季に現れる個体は小型化する。

【生息環境】平地、丘陵地の抽水植物や浮葉植物が繁茂する緩やかな流れや池沼、湖に生息する。幼虫は水生植物の付近に見られる。

【成虫出現期】4月中旬～10月中旬。5月から9月に多い。

【生態】卵期7～9日。幼虫期60～250日。1年2世代型。未熟個体や♀は周囲の草むらで見られる。成熟♂は水面の浮葉植物等に静止して縄張りをもつ。交尾は水域周辺の草などに静止して行われる。産卵は主に連結態で水生植物の組織内に行い、また潜水産卵を行うこともある。

【分布】国内では、北海道（稀）・本州・四国・九州に分布する。近畿地方では広く分布するが、沖積低地の氾濫原、琵琶湖などの湖沼、緩やかな河川及びその周辺に産地が多い。

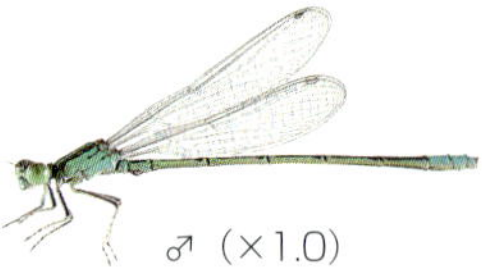

♂（×1.0）

♀（×1.0）

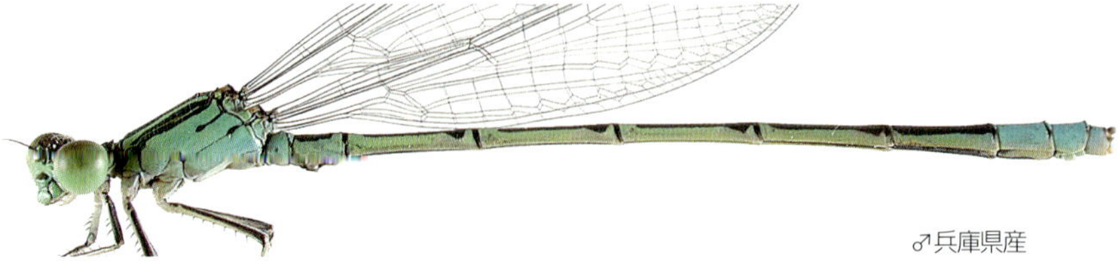

♂兵庫県産

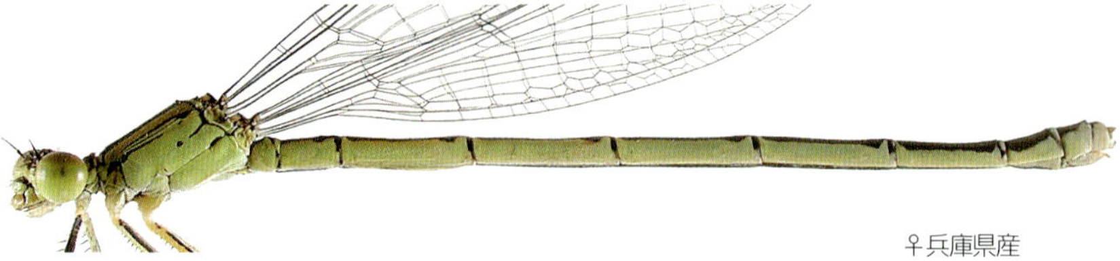

♀兵庫県産

産卵：増水時は潜水産卵もよく行う。兵庫県三田市 08.08.03

♂静止：この個体は後頭条があるが、♂では消失する個体も珍しくない。兵庫県加東市 08.05.04

ムカシトンボ

Epiophlebia superstes (Selys)

兵庫	大阪	京都	滋賀	奈良	和歌山	三重
○	NT	○	○	NT	○	VU

【成虫形態】体長約46～53mm。黒地に黄色の斑紋の毛深いトンボで、翅の形は均翅亜目に近い。複眼は成熟しても灰色のままである。

【生息環境】山地の河川源流域。

【成虫出現期】4月中旬～6月上旬。5月に多い。

【生態】卵期17～20日。1世代5～6年型。幼虫は羽化直前の約1ヶ月間離水して陸上で過ごす。羽化は午前中に木や岩に這い上がって行われる。未熟個体は谷間の明るい空間で摂食する。静止直後は、翅を半開きにしているが、しばらくすると閉じる。成熟初期の♂では流れの上の小空間で、ホバリングを交えた縄張り飛翔のような行動が見られる。成熟が進むと流れに沿ってパトロールするようになり、産卵適所付近ではホバリングを交えて、草間を念入りに探雌していく。♀を見つけると、即座に連結して高所へ連れ去り、交尾する。♀は単独で陰湿な流畔の植物に産卵する。

【分布】日本特産種。北海道・本州（千葉県を除く）・四国・九州に分布。近畿地方でも各府県に生息しているが、河床の安定したまとまった山塊に分布し、六甲山系にはほとんど見られない。

♂大阪府産（×1.0）

♀大阪府産（×1.0）

♀羽化：飛び立つまでかなり時間がかかる。
大阪府貝塚市 99.04.17 N.N

♂縄張り飛翔：小空間でホバリングを交えて飛翔する。この行動が見られる期間はごく短い。大阪府貝塚市 08.05.17

産卵♀を捕捉する♂：動きのない♀でも目ざとく見つけてしまう。京都市左京区 02.05.26

ムカシヤンマ

Tanypteryx pryeri (Selys)

兵庫	大阪	京都	滋賀	奈良	和歌山	三重
B	NT	NT	○	NT	○	NT

【成虫形態】体長約63～72mm。複眼は成熟に従い灰色から黒色に変化する。翅の縁紋は長い。♂の下付属器は幅広く特異な形をしている。♀の腹部はやや寸詰まりに見える。
【生息環境】樹林の多い丘陵地や山地の滲出水のある傾斜面周辺。
【成虫出現期】4月下旬～8月上旬。5月下旬から6月中旬に多い。
【生態】卵期28～29日。1世代2～3年型。幼虫は中齢以降、水気のある斜面にトンネルを掘って穴から顔をのぞかせている。早朝から午前中を中心に羽化するが、定位から飛翔まで6時間近くかかることも少なくない。未熟、成熟問わず、成虫は地面、太い木の幹、コンクリート上など、白っぽく輻射熱を得やすいところを好んで腹這い状に止まる。ふだんは網をかぶせても飛ばないほど動作は緩慢だが、♂は生殖活動時間帯には見違えるほど活発に他の飛翔個体に反応する。♀は日当たりの良いところでは、夕方近くにコケや湿土に産卵するのが見られる。
【分布】日本特産種で本州（千葉県を除く）・九州に分布し、四国には記録がない。

♂大阪府産（×1.0）

♀大阪府産（×1.0）

♂静止：ふだんはただ止まっているだけのような印象がある。滋賀県大津市 94.05.28

♀産卵：日当たりの良いところでは午後の遅い時間帯に見られる。堺市南区 02.05.19

サラサヤンマ

Sarasaeschna pryeri (Martin)

兵庫	大阪	京都	滋賀	奈良	和歌山	三重
B	NT	○	○	NT	○	○

【成虫形態】体長約58～68mm。ヤンマ科では小型で腹部には黒地に黄色または黄緑の斑紋が散らばって見える。♂の下付属器は先が二叉状の独特の形状をしている。♀の翅は橙色を帯びることが多い。

【生息環境】丘陵地や低山地のハンノキなどの潅木がある谷あいの湿地や休耕田など。

【成虫出現期】4月下旬～7月中旬。標高のあるところでは8月でも見られることがある。5月下旬から6月中旬に多い。

【生態】卵期41～99日。幼虫期約600日。1世代2年型。羽化は早朝から午前中にかけて観察できるが、幼虫の採集は困難である。未熟個体は林縁部の空間で摂食して過ごすが、かなり山手でも見られることがある。成熟♂は湿地に戻り、ホバリングを交えて比較的狭い縄張りをもち、しばしば低い位置の小枝に静止する。♀を見つけるとただちに連結するが、しばらく連結態のまま湿地上を飛び回ることが多い。その後交尾態になり、樹上に静止する。産卵は♀単独で場所を探すようにゆっくり飛翔しながら適当な朽木や湿った土に静止して産み込む。

【分布】日本特産種で北海道から鹿児島県にかけて分布する。対馬、屋久島でも記録されている。近畿地方では湿地の消失や遷移、乾田化に伴う休耕田の乾燥が進み、やや減少傾向にある。

♂大阪府産（×1.0）

♀大阪府産（×1.0）

♂縄張り飛翔：湿地の小空間でホバリングをしながら縄張りをもつ。堺市南区 06.06.03

♀産卵：初夏の気温の上がる時期では夕方近くによく見られる。堺市南区 03.06.03

コシボソヤンマ

Boyeria maclachlani (Selys)

兵庫	大阪	京都	滋賀	奈良	和歌山	三重
○	○	○	○	○	○	○

【成虫形態】体長約76～88mm。和名は腹部第3節が著しくくびれていることからきている。
【生息環境】平地から丘陵地の樹林に覆われた流れ。
【成虫出現期】6月下旬～9月。8月に多い。
【生態】卵期213～226日。幼虫期約460日。1世代2年型。幼虫は顕著な擬死行動を示し、羽化前は水面から出た状態で枝につかまっているのが見られる。未熟個体は周辺の林で見られ、早朝や、たそがれ時には人の視界がきかなくなる時間帯まで摂食飛翔する。成熟後、♂は3～4mの区間を水面低く往復飛翔して♀を待ち構えたり、朽木周辺を丹念に見回しながら川沿いを探雌飛翔したりする。交尾は付近の樹上に止まって行うが、長いものでは数時間に及ぶ。産卵は水域の朽木に行うが、♂が接近すると、翅を開いて伏せた体勢をとることがある。他地方では日没後まで産卵する例が観察されている。
【分布】日本特産種で北海道・本州・四国・九州に分布。

♂大阪府産（×1.0）

♀大阪府産（×1.0）

♂縄張り飛翔：方向変換の際は頭は水平のままで体をひねる。堺市南区 07.08.05

♀産卵：派手に見える褐色と黄色の縞模様も、朽木に静止していると分かりにくい。兵庫県三田市 03.08.24

ミルンヤンマ

Planaeschna milnei (Selys)

兵庫	大阪	京都	滋賀	奈良	和歌山	三重
○	○	○	○	○	○	○

【成虫形態】体長約65〜79mm。黒地に黄色の斑紋があり、腹部第3節がくびれる。♀は翅の前縁に褐色のバンドが現れる個体がある。
【生息環境】丘陵地から山地の樹林に囲まれた流れ。丘陵地ではコシボソヤンマと混生することもある。
【成虫出現期】6月下旬〜11月中旬。8月下旬から9月に多い。
【生態】卵期194〜201日。幼虫期約410日。1世代2年型。夏季は日中薄暗い林の中の下枝に静止していることが多く、午前中やたそがれ時に活動するが、涼しくなるにつれて日中でも飛翔するようになる。成熟♂は流れの上や林道に沿って探雌飛翔を行う。成熟したばかりの♂は流れの上の狭い範囲でホバリングを交えて縄張り飛翔することがあるが、近畿地方では観察されることは少ない。交尾は樹林内の枝に静止して行う。産卵は水際の朽木などに行う。
【分布】日本特産種。北海道南部から本州・四国・九州に分布。北海道・東北北部では稀。

♂大阪府産（×1.0）

♀大阪府産（×1.0）

♂探雌飛翔：川沿いをパトロールしつつ産卵適所で短いホバリングを交え、丹念に見ていく。大阪府千早赤阪村 06.09.09

♀産卵：ほとんどは朽木に産み込む。大阪府和泉市 00.09.02

アオヤンマ

Aeschnophlebia longistigma Selys

兵庫	大阪	京都	滋賀	奈良	和歌山	三重
○	VU	NT	○	NT	NT	○

【成虫形態】体長約67～78mm。若草色で腹部はくびれがなく、後方に向かって先細りになり、背面には2本の黒条がある。
【生息環境】平地から丘陵地のヨシやガマなどが茂り、水底に腐葉土が堆積しているような湿地、池沼。
【成虫出現期】5月上旬～8月。5月下旬から6月に多い。
【生態】卵期15～17日。幼虫期約320日。1年1世代型。未熟個体は羽化場所周辺の草地などで摂食をして過ごす。成熟♂は、ヨシの間を縫うようにして探雌飛翔を行い、縄張りをもつことはない。♀を見つけると、ただちに交尾して近くの草木に静止する。交尾時間は2時間を越えることもある。♀はヨシに産卵する場合は、茎の中空部分に1ヶ所につき50個程度の卵を産み込む。普通、植物組織内に産卵するトンボは1ヶ所に1個ずつ卵を産み込んでいくので、特異な産卵といえる。しかし中空構造をもつ植物がない環境でも生息していることがある。たそがれ飛翔性もあるが顕著ではない。
【分布】国内では北海道・本州・四国・九州に分布。近畿地方でも生息地は限定されており、減少傾向が著しい。

♂兵庫県産（×1.0）

♀兵庫県産（×1.0）

♂捕食：ハラビロトンボが餌食になった。兵庫県豊岡市 98.05.31

♀産卵：ヨシ原に潜り込むようにして産卵するので近づきにくい。兵庫県加東市 02.06.02

ネアカヨシヤンマ NT

Aeschnophlebia anisoptera Selys

兵庫	大阪	京都	滋賀	奈良	和歌山	三重
C	VU	VU	NT	VU	○	VU

【成虫形態】体長約77～91mm。体型はアオヤンマに似るが、翅の付け根に橙色部があり、♀では橙色部はかなり広い範囲に及ぶ。翅胸側面、腹部とも黒色部が多い。複眼は独特の模様がある。

【生息環境】平地から丘陵地のヨシ、ガマなどの繁茂する湿地や、休耕田、遷移の進んだ池。幼虫はほとんど水深のないところにいることが多い。

【成虫出現期】5月中旬～9月中旬。7月に多い。

【生態】卵期14～15日。幼虫期約310日。1年1世代型。成熟♂は午前中の早い時間帯に林縁部で探雌飛翔をするのがよく見られる。交尾は樹上に静止して行うが、観察例が非常に少ない。産卵は生息水域周辺の樹陰になったところの朽木や湿った土に行い、正午頃から午後3時にかけての暑い時間帯によく見られる。本種とアオヤンマはクモを狩る習性があり、頭突きをするようにして網の上のクモをさらっていくのが見られる。

【分布】国内では福島県、新潟県から鹿児島県にかけて分布。近畿地方では、かつては海岸沿いに広がる湿地帯に広く生息したと思われ、そのような箇所がまだわずかに残っている。丘陵地では陸地化寸前の池や休耕田を転々として世代をつないでいる印象も受ける。

♂大阪府産（×1.0）

♀大阪府産（×1.0）

♂静止：成熟したばかりの個体はまだ少し黄色っぽい。三重県南伊勢町 98.07.12

♀産卵：普通は樹陰になったところでよく見られる。三重県南伊勢町 98.07.18

カトリヤンマ

Gynacantha japonica Bartenev

兵庫	大阪	京都	滋賀	奈良	和歌山	三重
○	○	○	○	○	○	○

【成虫形態】体長約67～76mm。未熟時の胸部などは薄茶色をしている。細身で♂の腹部第3節は強くくびれる。♀の尾毛は細長く、成熟個体では折れているものが多い。
【生息環境】平地から丘陵地にかけた樹林沿いの水田の畦間や池沼、湿地の溜りなど。
【成虫出現期】7月上旬～11月下旬。8月から10月に多い。
【生態】卵期86～205日。幼虫期110～157日。1年1世代型。卵越冬後に孵化した幼虫は急速に成長する。未熟個体は樹林の中の特定の場所で♂♀が高密度で休止しているのが見られることがあるが、成熟が進むに従い分散していく。成熟♂は日中樹林の中を探雌飛翔するのが見られるが、秋になると明るい林縁部を飛翔するようになり、稲刈り跡の水田上や湿地の小空間でホバリングをしながら縄張り飛翔をすることもある。交尾は樹上の枝に静止して行い、産卵は畦などの湿った土に行う。たそがれ飛翔性があり、目視で確認困難な時間まで摂食活動を行う。
【分布】国内では北海道から沖縄県の全都道府県で記録されている。水田環境の変化によりアキアカネ同様の急激な減少傾向が見られ、近畿地方でもたそがれ時の群飛を見ることは少なくなった。

♂奈良県産（×1.0）

♀大阪府産（×1.0）

♂ホバリング：秋の午後、稲刈り跡などで見られる小空間での縄張り飛翔。堺市南区 07.10.28

♀産卵：水田脇の日陰の畦によく産卵するが、晩秋には明るいところでも見られるようになる。奈良県生駒市 06.10.22

ヤブヤンマ

Polycanthagyna melanictera (Selys)

兵庫	大阪	京都	滋賀	奈良	和歌山	三重
○	○	○	○	○	○	○

【成虫形態】体長約80～92mm。成熟すると頭部を中心に色が変化する。老熟♀は複眼に青みが増す個体がある。

【生息環境】主に平地から低山地の樹林に囲まれた小規模な池沼。幼虫はバスタブ程度の人工的な水溜りでも見られる。

【成虫出現期】5月中旬～10月上旬。7、8月に多い。

【生態】卵期12～14日。幼虫期約320日。1年1世代型。羽化は主に夜間に行われる。成虫はたそがれ活動性が強く、早朝や日没後の薄暮の時間帯に谷筋や川の流れの上空を広く飛びながら摂食する。成熟♂は、林縁部や池の上で探雌飛翔をすることがある。水辺に♀が現れても無関心なままであることも多い反面、枝下に休憩している♀に猛スピードで飛びかかって連結することもある。交尾は高い枝に静止して行い、♀は水辺周辺の土や苔、時には柔らかい朽木に産卵する。

【分布】国内では本州から沖縄まで生息する。近畿地方では全域に広く分布し、市街地でも樹林に覆われた神社の境内池や公園で姿を見ることがある。

♂大阪府産（×1.0）

♀大阪府産（×1.0）

♂飛翔：♀がきそうな薄暗い池の周囲をゆっくりと飛翔する。ホバリングすることもある。大阪府阪南市 00.07.20 N.N

♀産卵：水辺からやや離れた土に産卵する。孵化した前幼虫は跳ねて水中に入る。大阪府岬町 06.07.15

ヤンマ科 Aeshnidae

ルリボシヤンマ

Aeshna juncea (Linnaeus)

兵庫	大阪	京都	滋賀	奈良	和歌山	三重
C	VU	NT	○	VU	VU	EN

【成虫形態】 体長約72～88mm。水色と黄緑色の斑紋があり、オオルリボシヤンマに似るが、翅胸第1側縫線の黄緑条、♂尾部付属器や♀の尾毛で区別できる。♀は黄緑型と、♂と同色の型がある。

【生息環境】 近畿地方では高層湿原の池塘、高標高地や山麓の小規模な池沼などに限られる。

【成虫出現期】 7月上旬～11月。9月に多い。

【生態】 卵期約180日。幼虫期約400日。1世代2年型。成熟♂は湿地や水面付近にホバリングを交えて縄張りをもつ。♀を捕捉した♂は交尾態になり、付近の樹上に静止する。産卵は湿地のミズゴケなどの植物や、水際の朽木に行う。オオルリボシヤンマより小規模な水域を選び、時期も若干遅くにずれるなど、種間競合を避けていると考えられる。比較的大きな池でもオオルリボシヤンマが姿を消す夕刻になってから♀が次々産卵にきたり、♂がパトロールしたりして、時間的な棲み分けの見られる場合もある。

【分布】 国内では北海道・本州・四国の徳島県の他、佐渡島・対馬でも記録されている。近畿地方では産地は高標高地などにごく限られる。

♂兵庫県産（×1.0）

♀滋賀県産（×1.0）

♂縄張り飛翔：池塘付近でホバリングするのがよく見られる。三重県菰野町 98.09.12

交尾： オオルリボシヤンマと違い、産卵中の♀とよくカップルになる。滋賀県大津市 00.09.24

オオルリボシヤンマ

Aeshna nigroflava Martin

兵庫	大阪	京都	滋賀	奈良	和歌山	三重
○	NT	○	○	○	NT	○

【成虫形態】 体長約77～93mm。西日本産の個体は大型。♂は水色の斑紋、♀では水色型と黄緑型の2型が見られる。近畿地方では水色型が多いが、北部や東部の高標高地では黄緑型もよく見られる。ルリボシヤンマとの区別はp.212参照。

【生息環境】 平地から山地の樹林に囲まれ、浮葉植物の繁茂した池沼。

【成虫出現期】 6月下旬～11月上旬。8月から9月上旬に多い。

【生態】 卵期187～214日。幼虫期約400日。1世代2年型。未熟・成熟個体とも、水域上でたそがれ時のかなり暗くなるまで摂食飛翔をするのが観察される。♀は浮葉植物や朽木に産卵する。♂は開水面で縄張り飛翔をし、産卵にやってきた♀を追尾飛翔するのがよく見られる。時には5，6頭の♂が1頭の♀を追尾することもあるが、交尾に至ることは稀である。林道上で交尾して飛び去るのが観察されている。

【分布】 日本特産種で北海道から佐賀、長崎県を除く九州まで分布。四国では徳島県のみ記録がある。近畿地方の平地部では産地が減少している。

♂大阪府産（×1.0）

♀大阪府産（×1.0）

♀を追尾する♂：水域で♀に付いて飛ぶ♂がよく見られるが、交尾に至ることはほとんどない。大阪府泉佐野市 05.08.20

♀産卵：近畿地方では外来魚と無縁の高標高地でも個体数が減少している。神戸市東灘区 00.09.15

マルタンヤンマ

Anaciaeschna martini (Selys)

兵庫	大阪	京都	滋賀	奈良	和歌山	三重
○	VU	○	○	NT	○	○

【成虫形態】体長約73～82mm。未熟個体は♂♀とも褐色地に黄色い斑紋をもつが、成熟すると♂は斑紋がコバルトブルー、♀は若草色に変化する。濃褐色の翅は特に♀で顕著に現れ、付け根でより濃くなる。

【生息環境】平地から丘陵地の樹林に囲まれた水生植物の豊富な池沼、休耕田など。

【成虫出現期】6月上旬～10月中旬。7月から8月に多い。

【生態】卵期13～15日。幼虫期約300日。1年1世代型。羽化は夜間型で夜明け前にはほとんどの個体が飛び去っている。たそがれ時に活動するが、成熟♂は他のたそがれ活動性のヤンマよりやや明るい時間帯を谷筋に沿って長い距離を往復飛翔する。ごく稀に休耕田や池の上を旋回飛翔することもある。♀では摂食のためのたそがれ飛翔が見られ、♂はこのような♀を下方から追い上げる行動を見せるが、交尾に至ることは非常に少ない。産卵は早朝の摂食飛翔の後や、たそがれ飛翔前の時間帯に水生植物の水面下に行う。日中♀は池の近くで休止しているのが見られるが、♂の休息場所が把握されることは稀である。

【分布】国内では岩手県、宮城県から鹿児島県にかけて分布。近畿地方では広く分布するが、多産するようなところは少なくなった。

♂大阪府産（×1.0）

♀大阪府産（×1.0）

♂静止：♀にも反応がなく、休止状態だが、単独移精を行った（→p.1）。和歌山県和歌山市 06.08.05

♀産卵：後翅が水に触れるぐらいまでは、すぐ潜ってしまう。兵庫県三田市 00.08.13

ギンヤンマ

Anax parthenope julius Brauer

兵庫	大阪	京都	滋賀	奈良	和歌山	三重
○	○	○	○	○	○	○

【成虫形態】体長約74～82mm。慣れれば上空を飛ぶ個体でも、翅の褐色部や腹部の短い体型で見分けることができる。オオギンヤンマとは腹部の長さや斑紋、頭部の斑紋などで区別できる。♀の腹部第2、3節は♂と同じような水色をした個体もある。
【生息環境】平地から低山地の開放的な池沼、湿地、河川の淀みなど。プールや一時的な水溜りでも発生する。
【成虫出現期】4月中旬～11月中旬。6月から9月に多い。
【生態】卵期7～13日。幼虫期約60日。1年1～2世代型。9月上旬頃にも発生の山が見られ、年2化しているものがあると思われる。成熟♂は開水面上でホバリングを交えて縄張り飛翔する。♀を捕えた♂は交尾態となり、すぐ近くの草木に静止する。その後連結したまま水域の植物に産卵する。また単独産卵も行う。移動力があり、新しい水溜りなどができると、最初にやってくる種類の1つにあげられる。たそがれ飛翔もよく行い、大阪ではかつてブリと呼ばれる錘を糸の端につけたものを投げ上げて本種を捕獲する遊びがあった。
【分布】国内では北海道から沖縄まで広く分布する。近畿地方でも広く見られるが、1ヶ所で見られる個体数は少なく、たそがれ時に群飛する光景はあまり見られなくなっている。

♂大阪府産（×1.0）

♀大阪府産（×1.0）

連結産卵：大型種で連結して産卵するのは他にオオギンヤンマぐらいである。大阪府河内長野市 94.09.18

連結：雨中に単独産卵する♀を捕らえ、尾部付属器で頭部をはさみにかかる♂。兵庫県加西市 94.09.17

クロスジギンヤンマ

Anax nigrofasciatus nigrofasciatus Oguma

兵庫	大阪	京都	滋賀	奈良	和歌山	三重
○	○	○	○	○	○	○

【成虫形態】体長約71～81mm。翅胸側面にはっきりした2本の黒条があるのでギンヤンマと区別できる。腹部第2節以降は成熟♂では鮮やかな青色と黒色、♀では黄緑色と黒褐色で彩られている。他地方では♂同様の色をした♀が見つかっている。

【生息環境】平地から低山地の木陰があり、水生植物豊かな池沼。開放的な池を好むギンヤンマとは幼虫も含め、棲み分けている傾向がある。

【成虫出現期】4月中旬～7月下旬。高標高地では9月まで見られる。5月から6月に多い。

【生態】卵期10～14日。幼虫期264～325日。1年1世代型。羽化は夜半から午前中にかけて見られる。未熟個体は林縁部などの空間で摂食するのが見られる。成熟すると♂は水辺の植物に沿って探雌的な行動を交えて飛翔する。産卵♀を見つけた♂はすぐに交尾態となって飛び去り、池から離れたところに静止する。♀の産卵は午前中や夕方によく見られる。

【分布】国内では北海道南部から奄美大島に分布。近畿地方でも全域に生息している。

♂大阪府産（×1.0）

♀大阪府産（×1.0）

♂静止：ギンヤンマと違い、静止している個体を見る機会は非常に少ない。大阪府泉南市 94.05.07 N.N

♀産卵：♂が近づくと翅を閉じたりする。京都府亀岡市 07.05.17

ミヤマサナエ

Anisogomphus maacki (Selys)

兵庫	大阪	京都	滋賀	奈良	和歌山	三重
C	○	○	○	NT	NT	○

【成虫形態】体長約53〜58mm。腹部第7〜9節が広がり、第7節まで正中線に沿う黄色条がある。また、後肢腿節に剛毛があるのも特徴である。

【生息環境】平地から丘陵地の河川中流〜下流域。幼虫は淀みの泥の多い砂泥底で得られる。

【成虫出現期】6月上旬〜10月上旬。

【生態】卵期10〜15日。1世代2〜3年型。未熟個体は山頂部周辺など、アキアカネの未熟個体がいるようなところで見られる。成熟個体は東海地方の産地では7月下旬から8月に河川で多く見られる。近畿地方では9月に♂が河川の石の上や水際の植生に静止しているのがよく見られるところがあるものの、7、8月の成熟個体の水域での観察例は散発的で、生態がよく分かっているとはいえない。また成熟個体は、夏季に山頂周辺部でも見られることから、成熟後も時間帯によって移動をしている個体がいる可能性もある。産卵は静止して卵塊を作った後に打水する行動を数回繰り返すことによって行われ、最後に水浴行動を行って飛び去る。また、東海地方ではやや間をおいた連続打水産卵がよく見られるところがある。

【分布】国内では本州東北部から九州にかけて分布する。近畿地方の記録は幼虫・羽化殻や成虫の山頂部周辺の報告が中心で局地的である。

♂兵庫県産（×1.0）

♀愛知県産（×1.0）

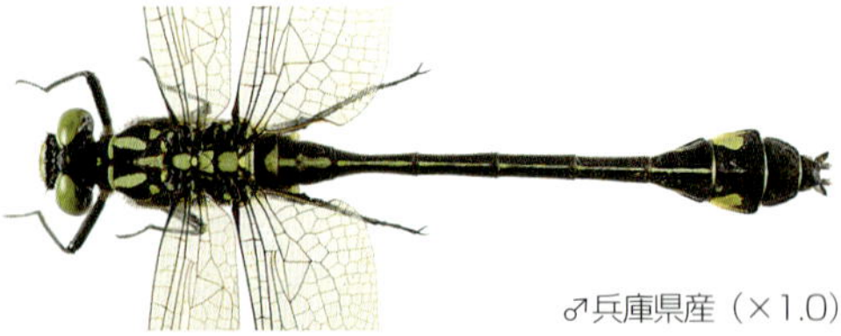
♂兵庫県産（×1.0）

♀奈良県産（×1.0）

♂縄張り：近畿地方では♂が何頭も縄張りをもつ光景に巡り合う機会は少ない。京都府南丹市 01.09.02

♀捕食：アキアカネの未熟個体が集まっている谷川で見られた。京都市北区 07.08.16

メガネサナエ NT

Stylurus oculatus (Asahina)

兵庫	大阪	京都	滋賀	奈良	和歌山	三重
○	○	○	○	NT	—	—

【成虫形態】体長約63～68mm。腹部第7～9節が著しく広がる本属3種中で最も大型。腹部第7節背面の黄斑が後方に長く伸びるのが特徴である。
【生息環境】湖沼やその流入河川など。河川のみの環境でも見られるところがある。幼虫は琵琶湖では水深数mのところで貝曳き網により採集されている。
【成虫出現期】6月下旬～10月中旬。8月に多い。
【生態】卵期11～12日。1世代2～3年型。羽化は多くは夜間から午前中にかけて行われる。幼虫は羽化の際、かなりの距離を直腸から水を噴出しながら水面近くを進み、泳ぎ着く。羽化の時間は短く、定位から飛翔までに1時間もかからないことも多い。♂は河川上では、腹端を挙げた姿勢でホバリングを交えた縄張り飛翔を行うが、日中は石や植物に静止している時間のほうが多い。産卵は静止して、あるいは飛びながら卵塊を作って時おり打水する間歇打水型だが、琵琶湖岸では目視できるほどの卵塊を形成する個体はほとんどいない。また、砂浜に静止して終始打水することなく、波をかぶったときだけ飛び立つ受動型の産卵が稀に見られる。内陸部や神戸市の海岸での採集例など単発的な記録があり、かなり移動するようである。
【分布】日本特産種。東北地方から近畿地方に至る13都府県に記録がある。近畿地方では琵琶湖と琵琶湖に流入する河川で見られる。大阪市内淀川でも羽化が見られたりするが、オオサカサナエ同様、淀川水系での生息状況はあまり分かっていない。

♂滋賀県産（×1.0）

♀滋賀県産（×1.0）

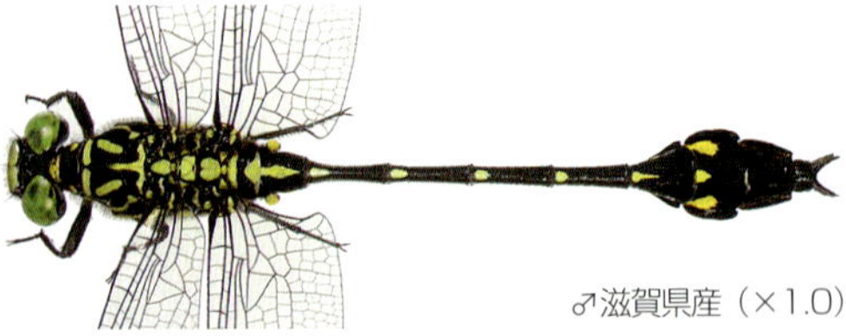

♂滋賀県産（×1.0）

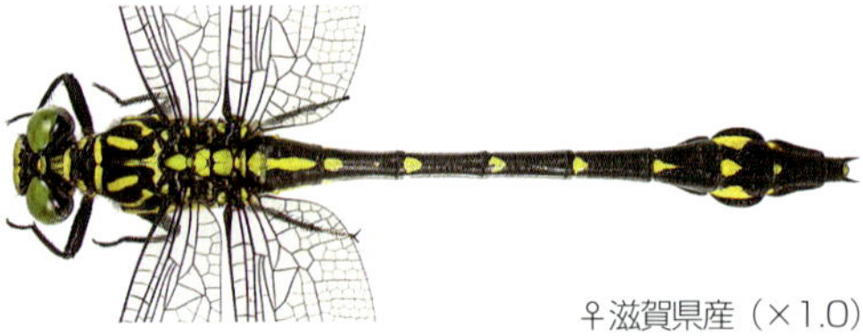

♀滋賀県産（×1.0）

♂縄張り飛翔：ホバリングする時間は日が昇るに従い短くなる。滋賀県大津市 07.09.08

産卵：盛夏には早朝や夕方によく見られる。滋賀県高島市 06.08.20

ナゴヤサナエ　NT

Stylurus nagoyanus (Asahina)

兵庫	大阪	京都	滋賀	奈良	和歌山	三重
B	VU	○	○	—	—	○

【成虫形態】体長約62～65mm。腹部第7～9節の広がったメガネサナエ属の1種。

【生息環境】大河川下流域に生息し、幼虫は流れの緩やかな岸辺の砂泥に浅く潜っている。他の地方では河口部汽水域や汽水湖に生息するところもある。

【成虫出現期】兵庫県では7月から9月に観察されているが、東海地方では6月中旬から10月中旬に見られる。

【生態】卵期11～14日。1世代2～3年型。成熟♂はホバリングを交えながら水面上をパトロールし、岸辺の植物や護岸壁に静止したりする。他の同属2種の河川での行動と比べて敏捷性では劣り、よく静止する上に近づきやすい。交尾態になると水域から離れた木立に移動する。♀は静止して卵塊を作った後、飛び立って打水産卵する。

【分布】日本特産種で宮城、山形県以南の本州・四国・九州に分布。近畿地方で定着が確認されたのは兵庫県北部円山川水系のみである。1997年に確認されたこの場所ではその後 護岸工事、河川氾濫など悪条件が重なり、近年はほとんど確認されていない。他に三重県の揖斐川水系で幼虫や未熟個体が確認されているが、岐阜県側から流下したものと思われる。その他の記録も成虫の飛来と考えられる記録である。

♂兵庫県産（×1.0）

♀新潟県産（×1.0）

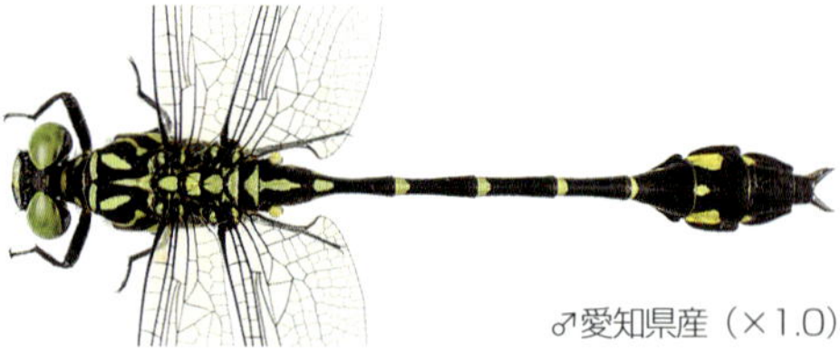

♂愛知県産（×1.0）

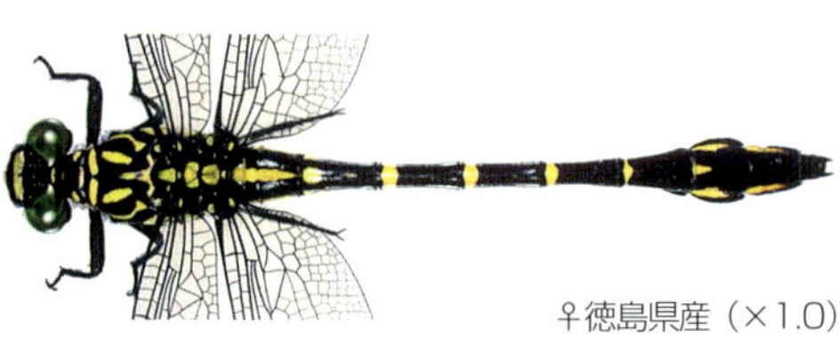

♀徳島県産（×1.0）

♂静止：川面でパトロールするが、よく静止する。ミヤマサナエも見られた。兵庫県豊岡市 02.09.03 S.S

♀静止：粘土と細かい砂底、緩やかな流れでヤナギがある環境は岐阜県の産地に似ている。兵庫県豊岡市 98.08.22

オオサカサナエ NT

Stylurus annulatus (Djakonov)

兵庫	大阪	京都	滋賀	奈良	和歌山	三重
—	VU	○	LP	VU	—	EN

【成虫形態】体長約56～63mm。腹部第4～6節から第6節の黄斑が環状になる傾向が強く、目視でメガネサナエと区別する目安にはなるが、例外がある。
【生息環境】生殖活動は琵琶湖中部以北の砂浜や、砂地で浅くゆったりした流れの大津市大戸川、三重県雲出川などで観察されているが、大戸川では最近はほとんど見られない。幼虫は琵琶湖では、水深数mのところで貝曳き網により採集されている。雲出川では、水深1m以下の砂泥底でも若齢～終齢幼虫が採集されている。
【成虫出現期】6月中旬～10月中旬。8月から9月中旬に多い。
【生態】卵期8～15日。1世代2～3年型。琵琶湖では羽化直前にかなりの距離を岸に向かって水面を泳いでくる様子が観察されている。羽化は午前中の他、夜間にもよく見られる。大戸川や雲出川の観察では、成熟♂は前傾姿勢でホバリングに近い飛翔を交えて縄張りをもつが、日中には静止する個体も多い。交尾すると水域から飛び去り、やや離れた林縁部の木立に静止する。♀は岸辺の植物などに静止して、あるいは水面すれすれを複雑に飛び回りながら卵塊を作り、時々打水する間歇打水型の産卵を行う。琵琶湖岸での観察では、♂は砂浜のはずれや沖合いでホバリングしたり、あるいは早朝の時間帯に岸辺でホバリングしたりしているのが見られるなど、場所的、時間的にメガネサナエに優位を占められている傾向が見られる。
【分布】国内では近畿地方の琵琶湖水系、三重県櫛田川、雲出川水系の他、奈良県、岐阜県の単発的な記録がある。大阪市内の淀川でも羽化が見られ、産卵が観察されたこともある。またメガネサナエ同様に京都府石清水八幡宮の境内の杉やヒノキに静止している個体も見られるが、淀川水系での生息状況はよく分かっていない。

♂滋賀県産（×1.0）

♀滋賀県産（×1.0）

♂滋賀県産（×1.0）

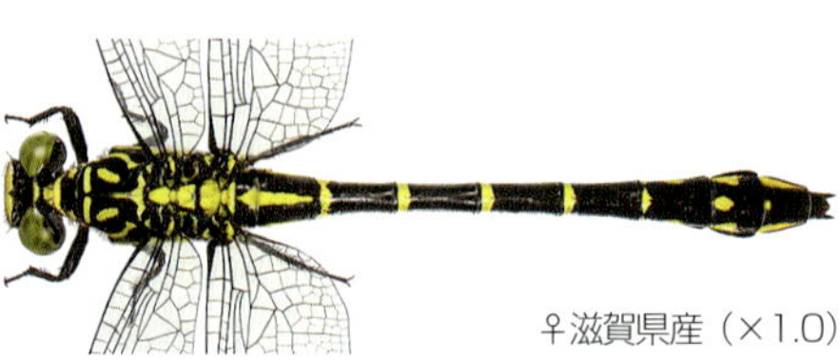
♀滋賀県産（×1.0）

♂静止：時間の経過とともに止まる場所を変えていく。滋賀県高島市 06.08.20

交尾：日中湖畔から離れた裏山では摂食や配偶行動も見られる。滋賀県高島市 06.08.20

ホンサナエ

Gomphus postocularis Selys

兵庫	大阪	京都	滋賀	奈良	和歌山	三重
B	NT	○	○	NT	―	○

【成虫形態】 体長約48～52mm。ずんぐりした独特の体型をしており、♂は♀のような黄色味が出ない。未熟♀は翅の基部に橙色を帯びるものが多い。
【生息環境】 砂泥底の河川中流～下流域。平地から丘陵地の緩やかな流れに多い。湖や大きな池に生息することもある。
【成虫出現期】 4月中旬～6月。5月中・下旬に多い。
【生態】 卵期9～11日。1世代2～3年型。羽化は主に午前中に行われ、未熟個体は日中羽化場所の近くの林や堤防上で成熟個体に混じって摂食するのが見られる。成熟♂は水辺の植物や石に止まって縄張りをもつ。季節が進むと生殖活動は午前中の早い時間帯や夕方に活発になり、♂のホバリングを交えた飛翔やハイスピードでの縄張り争いが見られる。水域で交尾したペアは樹上に移動して静止する。産卵は岸辺の植物などに静止して卵塊を作り、水面を往復飛翔して打水する行動がセットで数回繰り返される。最後は水浴を行って飛び去る。
【分布】 日本特産種。北海道・本州・四国・九州に分布するが、生息地は限られる。近畿地方でも同様で、個体数も激減しているところが多い。

♂兵庫県産（×1.0）

♀兵庫県産（×1.0）

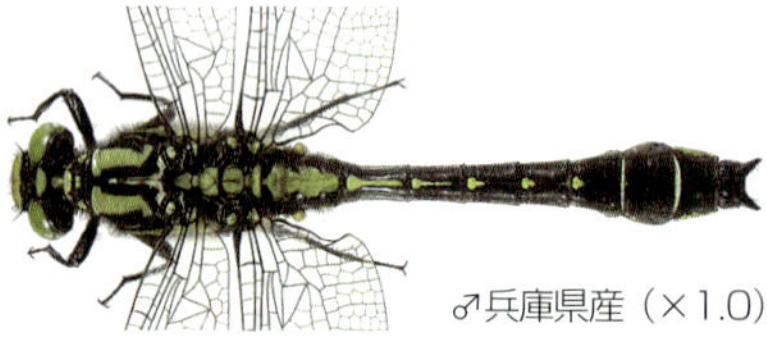

♂兵庫県産（×1.0）

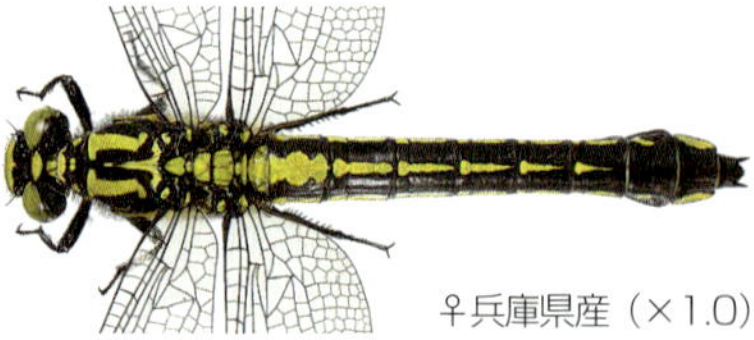

♀兵庫県産（×1.0）

♂捕食：かつては河畔の堤防道路上に多数の未熟、成熟個体が静止しているのが見られた。兵庫県三田市 98.05.23

♀産卵：たいていヨシに静止して卵塊を作り、打水産卵する。兵庫県三田市 00.06.04

ヤマサナエ

Asiagomphus melaenops (Selys)

兵庫	大阪	京都	滋賀	奈良	和歌山	三重
○	○	○	○	○	○	○

【成虫形態】体長約63〜69mm。やや大型のサナエトンボで、キイロサナエによく似るが、ややがっしりしており、尾部付属器や産卵弁で区別することができる。

【生息環境】平地から低山地の河川緩流域に多い。溝川や用水路のような小流にも適応している。キイロサナエに比べ、砂礫質の多いやや上流部や枝流の環境でも見られる。

【成虫出現期】4月下旬〜8月上旬。5月から6月に多い。

【生態】卵期9〜13日。1世代2〜4年型。羽化は午前中に水際で行われることが多い。成虫は未熟・成熟を問わず、流畔の林や林道に多い。成熟した♂は流れに戻って石や植物の葉上に静止して縄張りをもち、川幅のあるところでは時々パトロールを行う。♂は♀を捕えると空中で交尾し、すぐに樹上部へ移動する。産卵はホバリングの間に卵塊を作ってから打水する間歇打水型で、植物が陰を作る流れの浅いところでよく行われる。

【分布】日本特産種で本州・四国・九州に広く分布する。近畿地方各地で見られるが、多産地は少なくなっている。

♂大阪府産（×1.0）

♀大阪府産（×1.0）

♂大阪府産（×1.0）

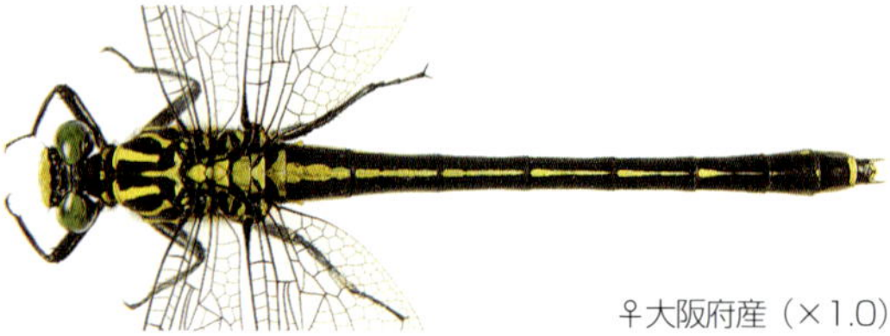

♀大阪府産（×1.0）

交尾：ほとんどは樹上に移動してしまうので、近くで見る機会は少ない。兵庫県三田市 99.05.30

♀産卵：ホバリングしながら卵塊を作り、時々打水する。波紋の中に卵が見える。兵庫県猪名川町 06.06.30

キイロサナエ

Asiagomphus pryeri (Selys)

兵庫	大阪	京都	滋賀	奈良	和歌山	三重
C	NT	NT	○	NT	○	○

【成虫形態】 体長約62〜68mm。ヤマサナエに似るが、和名ほど黄色味が強いわけではない。♂は尾部上付属器が下付属器より短く、♀は側面から見ると産卵弁が下方へ突出していることなどで区別できる。

【生息環境】 平地から丘陵地の砂泥底の河川中流域。細流にも生息し、ヤマサナエに比べると、より緩やかで泥質の多い流れに生息する。

【成虫出現期】 5月上旬〜8月上旬。6月に多い。

【生態】 卵期7〜9日。1世代3〜4年型。羽化は比較的短期間に行われる。成熟♂は流れの石や岸辺の植物に静止して縄張りをもつ。交尾は樹上に移動、静止して行われる。産卵は水際の泥土上で連続打泥産卵を行う場合と、植物等に静止するかホバリングしながら卵塊を作り、時おり打水する間歇打水産卵を行う場合がある。また、稀に連続打水産卵を行う個体もある。

【分布】 日本特産種。茨城県、栃木県、新潟県より西南の本州（青森県の迷入記録一例を除く）・四国・九州。産地は近畿地方でも局所的である。

♂兵庫県産（×1.0）

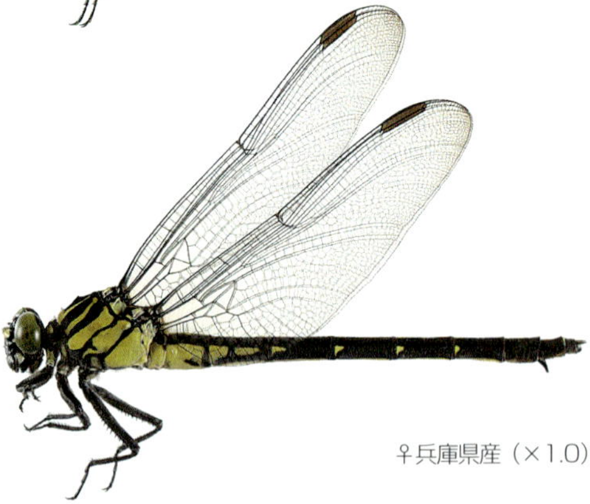

♀兵庫県産（×1.0）

♂兵庫県産（×1.0）

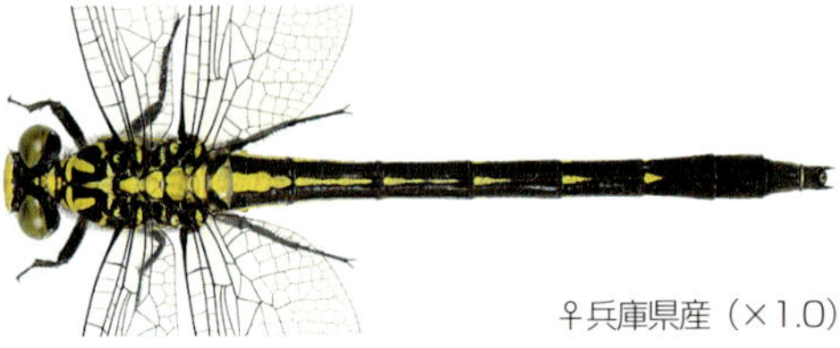

♀兵庫県産（×1.0）

♂縄張り：♀が産卵にきそうなところに陣取り、他の♂を見るとただちに追い払う。兵庫県三田市 02.06.15

♀産卵：複数の産卵方法のうち、腹端を砂地に連続的にたたき付けるパターン。兵庫県三田市 06.06.06

ダビドサナエ

Davidius nanus (Selys)

兵庫	大阪	京都	滋賀	奈良	和歌山	三重
○	○	○	○	○	○	○

【成虫形態】体長約42～49mm。クロサナエと形態・斑紋がよく似ている。大顎基部に黄斑があり、♂の腹部第10節が側方に大きく突出する。♂♀とも翅胸側面の黒条は変異があり、気門下部が黒化してクロサナエのように見える個体があるので、♀の同定は注意を要する（→p.214）。

【生息環境】成虫は丘陵地から山地にかけての河川に生息する。幼虫は砂泥底や植物性沈積物の溜りなどに潜っているが、成虫の生息場所よりかなり下流で見られることがある。

【成虫出現期】4月下旬～7月下旬。5月から6月の初めにかけて多い。

【生態】卵期17～19日。1世代2年型。羽化は午前中に瀬石や護岸、植物に這い上がって行われる。未熟個体は谷沿いや林間の空き地で摂食して過ごす。成熟した♂は流れに戻り、石や流畔の植物に止まって弱い縄張りをもつ。日が陰ると樹上に上がってしまう。♀を捕らえるとすぐに交尾態になり、近くの植物に静止する。継続時間は長く2時間を越えることも多い。♀は苔むした石の上や草陰でホバリングして、腹端を軽く振りながら卵をばらまく。

【分布】日本特産種で本州・四国・九州に広く分布。近畿地方でも普通に見られる。

♂大阪府産（×1.0）

♀大阪府産（×1.0）

黒条変異個体　大阪府産

♂滋賀県産

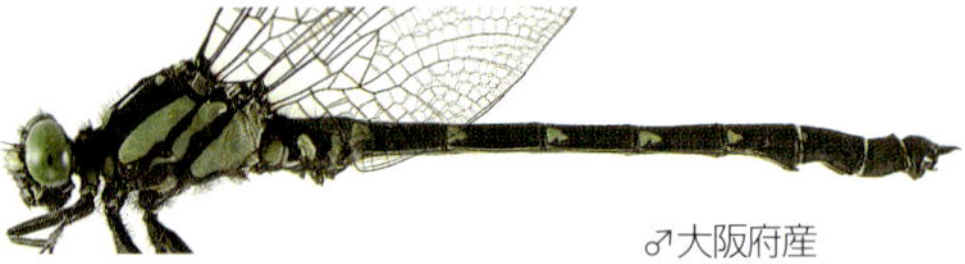

♂大阪府産

♀大阪府産

♀大阪府産

♂静止：他の♂に対する排他性は弱く、♀を待ち構える様子。大阪府岸和田市 00.05.27

♀産卵：15時を過ぎるとクロサナエに混じって苔むした石に次々産卵にやってきた。滋賀県彦根市 98.05.24

クロサナエ

Davidius fujiama Fraser

兵庫	大阪	京都	滋賀	奈良	和歌山	三重
○	○	○	○	○	○	○

【成虫形態】体長約40～49mm。ダビドサナエと形態・斑紋がよく似る。大顎基部に黄斑がなく、♂の尾部上付属器は側方に突出する。稀に翅胸側面の気門下部にダビドサナエのような黄色部のある個体があり、♀の同定は注意を要する（→p.214）。

【生息環境】山地の河川源流～上流域に生息する。幼虫は砂泥底や植物性沈積物の溜りなどに潜っている。

【成虫出現期】4月下旬～7月下旬。5月中旬から6月の初めにかけて多い。

【生態】卵期約27日。1世代2年型。羽化は午前中に瀬石や護岸、植物に這い上がって行う。未熟個体は谷沿いや林間の空き地で摂食するが、樹冠部で活動していることが多く、観察の機会が少ない。ダビドサナエと同所的に生息する場合は、クロサナエのほうが少し上流域に偏る傾向があり、ムカシトンボが好むようなやや陰湿な流域に生息している。生態はダビドサナエに似るが、クロサナエのほうが敏捷である。

【分布】日本特産種で本州・四国・九州に分布。近畿地方でも各府県で見られるが、生息域はダビドサナエよりかなり狭い。

♂大阪府産（×1.0）

♀大阪府産（×1.0）

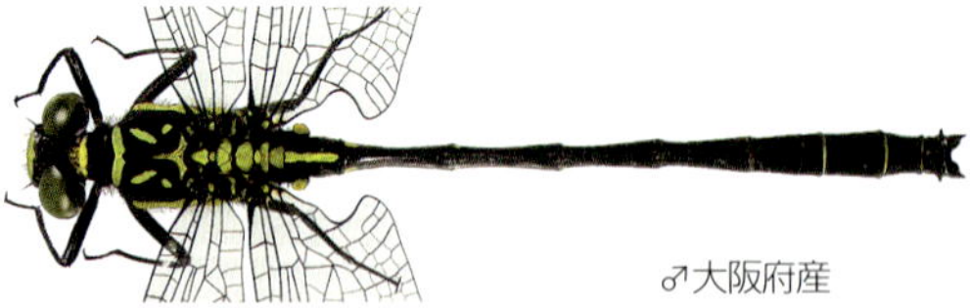

♂大阪府産

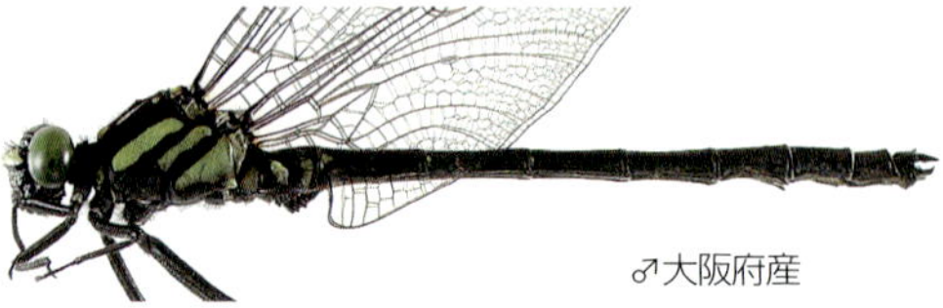

♂大阪府産

♀滋賀県産

♀大阪府産

交尾：普通は交尾態になると樹上の高いところに静止する。滋賀県彦根市 98.05.24

♀産卵：苔の上ではクロサナエとダビドサナエの♂が待ち構える。大阪府岸和田市 06.06.03

ヒラサナエ

Davidius moiwanus taruii Asahina et Inoue

兵庫	大阪	京都	滋賀	奈良	和歌山	三重
A	—	○	○	—	—	—

【成虫形態】体長約35～46mm。翅胸前面にハの字型の黄条を持つ小型のサナエトンボ。翅胸第1側縫線に沿う黒条は通常途中まで。ダビドサナエに酷似するが、大顎側面に黄斑はなく（注：原名亜種モイワサナエにはある）、♂は腹部第10節の後半が細くなり、尾部上付属器は釘抜きのような形状をしている。

【生息環境】山間部のフキなどが自生する比較的開けた湿地や廃田内の細流に棲息する。幼虫は細流の緩やかな流れの泥底に生息する。

【成虫出現期】5月上旬～7月中旬。5月から6月に多い。

【生態】卵期17～20日。1世代2年型。未熟個体は発生地をほとんど離れず、周辺の草や低木の葉上で暮らす。成熟♂は湿地の緩やかな流れのフキの葉などに静止して♀の飛来を待つが、明確な縄張りはない。交尾は付近の草又は樹木に静止して行われる。産卵は♀が単独で、飛翔しながらまたは流れ付近の草に静止したまま行われる。卵はパラパラとばらまかれる場合の他、数珠状に連なって産み落とされる場合がある。

【分布】日本特産種モイワサナエの亜種で富山県から岡山県にかけて分布する。また広島、鳥取、島根、岡山の各県には別亜種ヒロシマサナエが知られている。近畿地方では兵庫、京都、滋賀各府県の中国山地の背稜部から日本海側にかけて産地が点在する。

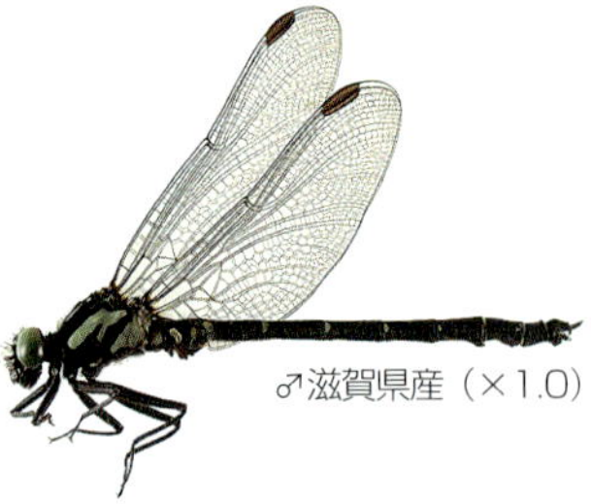
♂滋賀県産（×1.0）

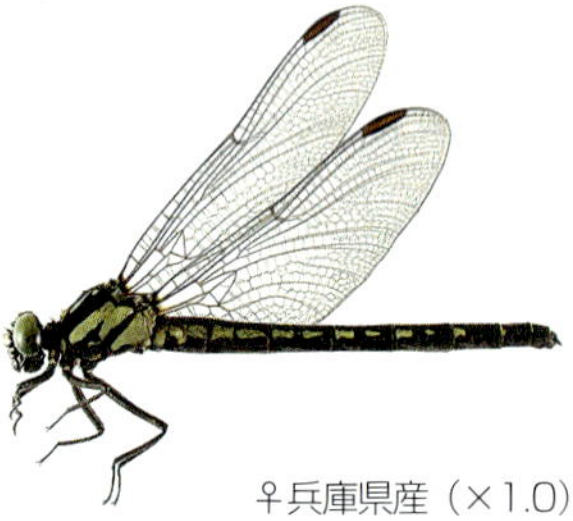
♀兵庫県産（×1.0）

♂滋賀県産

♂滋賀県産

♀兵庫県産

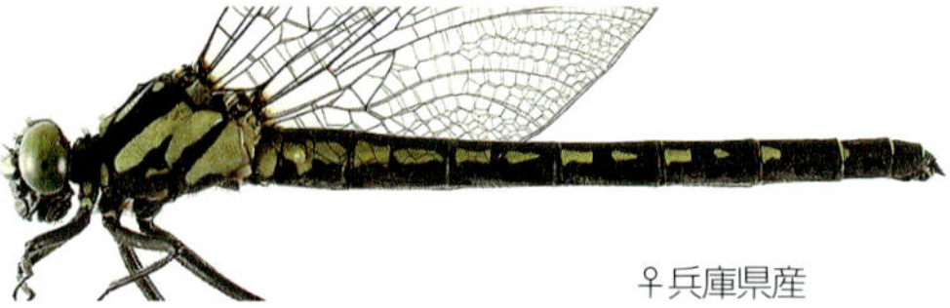
♀兵庫県産

♂静止：湿地の流れのあるようなところで♀を待ち構える。滋賀県高島市 93.06.12

♀産卵：このような遊離性静止産卵も見られ、卵が数珠つなぎになることがある。滋賀県大津市 75.06.23 清水典之

サナエトンボ科 Gomphidae

ヒメクロサナエ

Lanthus fujiacus (Fraser)

兵庫	大阪	京都	滋賀	奈良	和歌山	三重
○	○	○	○	○	○	VU

【成虫形態】体長約39～45mm。翅胸前面にはハの字型とT字型の黄斑がある。翅胸側面には他の小型のサナエトンボ科より明らかに太い黒条が１本あるが、この黒条が第１側縫線で分離する個体もある。

【生息環境】山地の河川上流、源流域の流れが滲出するところや、高層湿原を流れる細流など。このような環境ではたいてい生息している反面、個体密度は低く、分散している。

【成虫出現期】4月下旬～7月上旬。5月下旬から6月に多い。春のサナエトンボ科の中では比較的長い間にわたって羽化が見られる。

【生態】卵期約22日。1世代2年型。成熟♂は葉上になんとなく静止して見えることが多いが、注意深く見ると、♀が産卵にくるような場所の石や植物の葉上に♀を待ち伏せるように静止していることが分かる。このような♂や、♀の産卵は午後に見られることが多い。♀は水が滲出するような場所の砂礫上や堆積した腐葉土、湿土上に静止し、翅を小刻みに震わせながら腹部を曲げ、産卵弁を押し付けるようにして産卵したり、卵を塊状にして付着させたりする。また、水のあるところで同じように腹部を曲げ、腹端を水に付けて放卵したりすることもある。

【分布】日本特産種で本州・四国・九州に分布する。近畿地方全般に見られるが、六甲山系では珍しいという。

♂大阪府産（×1.0）

♀滋賀県産（×1.0）

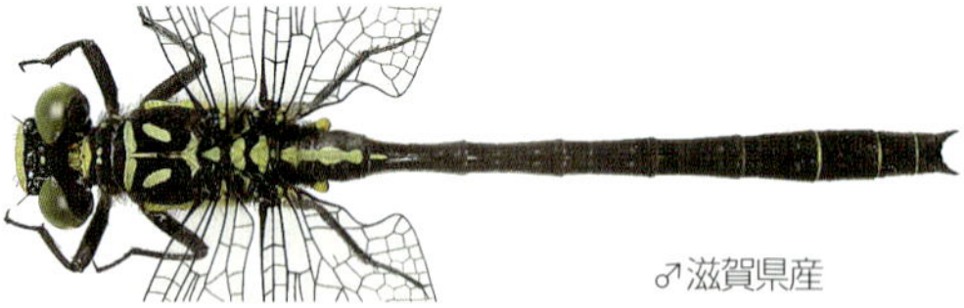

♂滋賀県産

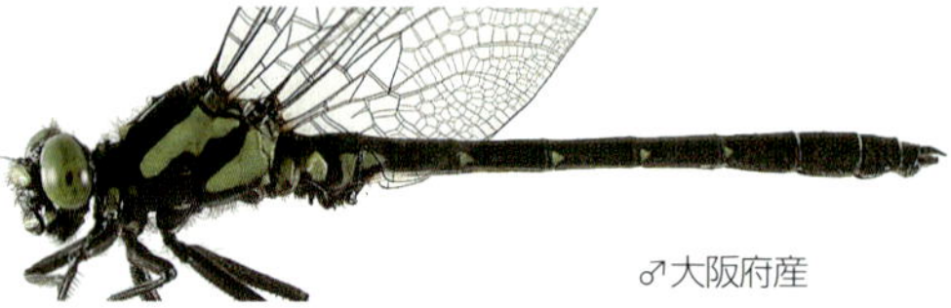

♂大阪府産

♀滋賀県産

♀滋賀県産

♂静止：源流域の水が滲出したようなところで♀を待ち構える。奈良県東吉野村 00.05.28

♀産卵：腹部を曲げて押し付けるように産卵する様子は、サナエトンボの仲間では異色である。京都市左京区 99.06.05

タベサナエ

Trigomphus citimus tabei Asahina

兵庫	大阪	京都	滋賀	奈良	和歌山	三重
○	○	○	○	VU	○	○

【成虫形態】体長約41～46mm。翅胸の肩縫線に沿う黒条に黄斑はなく、♂の副性器は生殖片が円弧状で大きく、目立つ。♀は近似種に比べ黄色味が強く、老熟してもよく残る。

【生息環境】止水域、流水域いずれにも適応している。丘陵地の樹林に囲まれた池沼や細流を含む湿地、流れが緩やかでヨシなどのある砂泥底の河川。一部平地にも産する。

【成虫出現期】4月上旬～6月下旬。5月に多い。

【生態】卵期17～19日。1世代2年型。羽化は水面すれすれの位置で行われることが多い。アリの餌食になる個体も多いので、有効な方法であろう。未熟個体は羽化場所近くの林縁で摂食しているのが見られる。成熟♂は水域の岸辺の植物などに静止して縄張りをもつが、時おりホバリングを交えて飛び回り、縄張り争いもよく見られる。♀を見つけるとただちに連結するが、多産地ではたちまち他の♂も集まり、3連結になったり、副性器だけでつながっていたりと、正常な交尾はなかなか見られない。産卵は岸辺の草むらでホバリングを交えて時おり全身を強く振り、放卵する間歇打空型である。

【分布】タイリクタベサナエの日本列島亜種で本州中部から九州南部に分布する。近畿地方各府県に分布するが局所的。オグマサナエ、フタスジサナエいずれかとの混生、3種混生も見られる。また滋賀県信楽地方から三重県中部の一部、日本海側の一部ではコサナエとの混生も見られる。

♂兵庫県産（×1.0）

♀兵庫県産（×1.0）

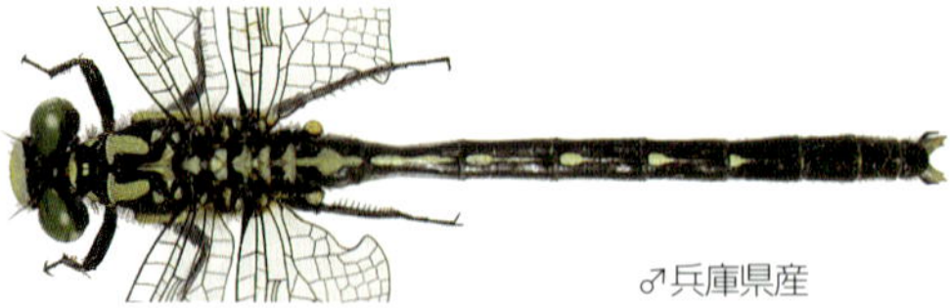

♂兵庫県産

♂兵庫県産

♀兵庫県産

♀兵庫県産

交尾：まともな交尾態に巡り合うのは意外に難しい。兵庫県三田市 96.05.18

産卵：ハンノキ林の湿地でホバリングを交えながら卵を振り飛ばす。兵庫県加東市 04.05.08

コサナエ

Trigomphus melampus (Selys)

兵庫	大阪	京都	滋賀	奈良	和歌山	三重
C	—	○	○	CR+EN	NT	EN

【成虫形態】体長約39～47mm。翅胸前面にL字状の黄斑がある小型のサナエトンボ。翅胸第1側縫線の黒条を欠くことでタベサナエ、オグマサナエに似るが、♂の尾部上付属器の形状や♀の産卵弁の形状で区別することができる(→p.215)。

【生息環境】平地から山地の水田の用水、細流、溜池、湿地、池沼などに生息する。フタスジサナエやオグマサナエに比べると比較的浅くて、小さな水域にも生息する。幼虫は浅い泥底に生息する。

【成虫出現期】4月下旬～6月下旬。

【生態】卵期15～21日。1世代2年型。未熟個体は水域付近の林縁や草地で見られる。成熟♂は水際の草や低木の葉・倒木や地面の石の上などに静止し、♀の飛来を待ち受ける。交尾は付近の草の上などに静止して行われる。産卵は♀が水際の草の上を単独で飛翔しながら3～5秒間隔で打空して放卵する。

【分布】日本特産種で北海道・本州に分布するが、西日本では産地が限られ、日本海沿いに山口県にまで達する。近畿地方では日本海沿いに生息する他、紀伊半島の熊野灘沿い、中央部の信楽高原付近などに隔離分布地域が知られ、遺存的に残っているものと考えられる。フタスジサナエとは棲み分けることが多いが、混棲地も知られる。

♂三重県産（×1.0）

♀三重県産（×1.0）

♂滋賀県産

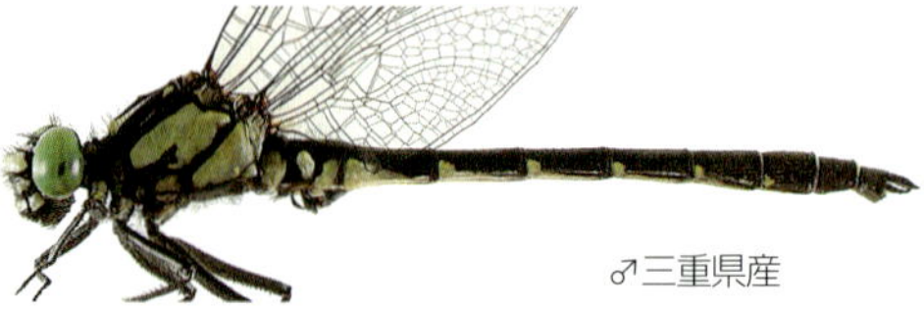

♂三重県産

♀滋賀県産

♀三重県産

♂縄張り：このあたりでフタスジサナエと分布が置き換わるが、一部に混生地もある。三重県伊賀市 04.05.22

異常連結：コサナエ属ではよく見られる光景。三重県伊賀市 06.05.29

フタスジサナエ　NT

Trigomphus interruptus (Selys)

兵庫	大阪	京都	滋賀	奈良	和歌山	三重
○	○	○	○	○	○	○

【成虫形態】体長約43～48mm。同属4種中で唯一、翅胸側面に2本の黒条をもつ。翅胸第1側縫線に沿う黒条が中ほどで途切れる個体もあるが、これは♀に多く見られる。

【生息環境】平地から丘陵地の抽水植物が繁茂する泥底の池沼。

【成虫出現期】4月中旬～7月上旬。5月に多い。羽化はオグマサナエより1週間ほど遅れる。

【生態】卵期約14日。1世代2年型。幼虫は泥底に浅く潜っている。羽化は午前中に水際で行われ、風による波立ちで失敗することも多い。未熟個体は近くの草むらで摂食して過ごす。成熟した♂は池沼周囲の草の葉上などに静止して縄張りをもつ。♀を見つけるとすぐに連結して近くの植物に静止して交尾する。数頭の♂が♀に殺到して3連結になることも珍しくない。♀は水際の草むらのすぐ上や草間でホバリングしながら卵塊を作り、軽く体を振って産卵することが多い。途中で休止することもあるが、その際に卵塊形成をして、そのまま飛び立たずに放卵する場合もある。

【分布】日本特産種で静岡、岐阜、福井県以西の本州・四国・九州に分布する。近畿地方では、中央部の丘陵地を中心に見られ、オグマサナエやタベサナエと混生することもよくある。しかしコサナエの分布する紀伊半島南部や日本海側ではほとんど記録がない。

♂大阪府産（×1.0）

♀大阪府産（×1.0）

♂大阪府産

♂大阪府産

♀大阪府産

♀大阪府産

羽化：いわゆる直立型の羽化で、翅は付け根から伸びていく。堺市南区 92.04.19

♀産卵：老熟個体に黄色味はほとんどない。同じ池にタベサナエ、オグマサナエも見られる。兵庫県三田市 05.05.15

サナエトンボ科 Gomphidae

オグマサナエ　VU

Trigomphus ogumai Asahina

兵庫	大阪	京都	滋賀	奈良	和歌山	三重
○	○	○	○	○	○	○

【成虫形態】体長約43〜50mm。同属4種中で最大の種で、翅胸前面に太いL字状斑がある。ごく稀に翅胸第1側縫線にフタスジサナエの分離型と同じような黒条が現れる個体がある。
【生息環境】平地から丘陵地の抽水植物が繁茂する泥底の池沼。植物の乏しい山間のすり鉢状の深い池でも生息していることがある。
【成虫出現期】4月上旬〜6月中旬。5月に多い。羽化の時期はフタスジサナエより1週間ほど早い。
【生態】卵期13〜22日。1世代2年型。幼虫は泥底に浅く潜っている。羽化は午前中に水際から50cm内外のところで集中して行われる。未熟個体は林縁の草むらで摂食している。池沼からかなり離れた明るい林道や笹原に点々と休止していることもある。成熟した♂は池沼周囲の草の葉上などに静止して縄張りをもつ。♀を見つけるとすぐに連結して近くの植物に静止して交尾する。同属4種中、最も警戒心が強く、交尾・産卵の観察が難しい。♀はホバリングしながら水辺の草むらに向け、全身を強く振って卵をばらまく。
【分布】日本特産種。静岡、岐阜、長野、福井各県以西の本州・四国・九州に分布するが、四国・中国地方では局限される。近畿地方では、京阪神地域を中心に生息し、フタスジサナエやタベサナエと混生することも多い。紀伊半島南部には分布していない。

♂大阪府産（×1.0）

♀大阪府産（×1.0）

♂大阪府産

♂大阪府産

♀大阪府産

♀大阪府産

♂縄張り：同属の中でもやや白っぽいところに静止することが多い。堺市南区 03.05.05

♀産卵：卵を岸辺の草むらに振り飛ばすが、動きは同属4種中最も激しい。大阪府和泉市 05.05.07

オジロサナエ

Stylogomphus suzukii (Matsumura in Oguma)

兵庫	大阪	京都	滋賀	奈良	和歌山	三重
○	○	○	○	○	○	○

【成虫形態】 体長41～46mm。細身で特に♀で腹部の環状斑が目立つ小型のサナエトンボ。翅胸側面のY字状の黒条が特徴だが、稀にこの黒条が不明瞭な個体もあるという。
【生息環境】 成熟成虫は丘陵地から河川源流域まで見られる。幼虫は流れの緩やかな砂泥底の淀みで得られるが、羽化は上流から成熟個体の見られない下流域まで確認されている。
【成虫出現期】 5月下旬～9月中旬。下流域で羽化が早まる傾向がある。7月下旬から8月に多い。
【生態】 卵期12～14日。1世代2年型。羽化は主に午前中、水際の植物や石の上で行われる。成熟♂は木漏れ日の射す渓流の石の上などに止まって♀を待ち構えるが、他の♂に対する排他性は弱く、集まるところでは1m四方に5頭以上数えることもある。何か刺激があると樹上に上がってしまい、しばらくしてまた降りてくるということが多い。交尾は付近の樹上などで行う。産卵は水面低く飛来してきた♀が砂礫の水深のほとんどないところで石の上に止まって卵塊を作り、飛び立っては打水する行動を繰り返すことで行われる。また稀に接水静止産卵を行うこともある。
【分布】 日本特産種。岩手県、秋田県から鹿児島県にかけて分布するが、北陸では少ないという。

♂大阪府産（×1.0）

♀大阪府産（×1.0）

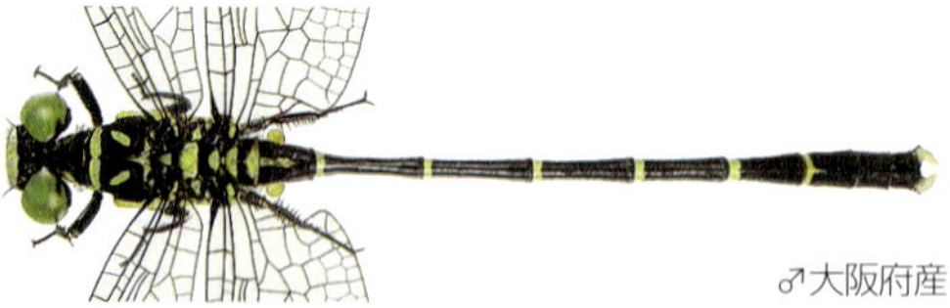
♂大阪府産

♂大阪府産

♀大阪府産

♀大阪府産

♂静止：ヨシの木漏れ日があり、浅瀬になった中流でも生殖行動が見られる。兵庫県三田市 95.07.02

♀産卵：水が滲出する程度の流れで砂礫に卵塊をたたき付けたり、打水したりする。大阪府岸和田市 08.08.13

ヒメサナエ

Sinogomphus flavolimbatus (Matsumura in Oguma)

兵庫	大阪	京都	滋賀	奈良	和歌山	三重
B	NT	○	○	NT	○	○

【成虫形態】 体長約38〜46mm。翅胸前面背隆線に沿う黄色部がT字状を呈し、♂の尾部上付属器、♀の尾毛とも裏側まで白い。翅胸側面の斑紋は小型のサナエトンボによくあるパターンをしている。
【生息環境】 山地の勾配が小さい渓流。齢期の進んだ幼虫や羽化は、生殖活動地よりかなり下流で見られる。羽化した成虫は上流部の樹林帯へ移動する。
【成虫出現期】 5月中旬〜8月下旬。7月に多い。
【生態】 卵期16〜18日。1世代2年型。成熟した♂は明るくて流れの緩やかな瀬を好んで石の上に静止し、♀を待つ。1mたらずの狭い範囲に複数の♂が静止することも珍しくない。暑い時には腹部を挙上する。生殖行動は午後に多くなり、♀を見つけるとただちに飛びかかって交尾態となり、近くの植物の葉上などに静止する。継続時間は1時間半前後。産卵は主にホバリングまたは静止して卵塊を作り、浅い流れに打水する間歇打水型であるが、静止して接水産卵を行うこともある(→p.203)。
【分布】 日本特産種で本州・四国・九州に分布するが、生息地は限られる傾向が強く、近畿地方でも同様である。

♂大阪府産（×1.0）

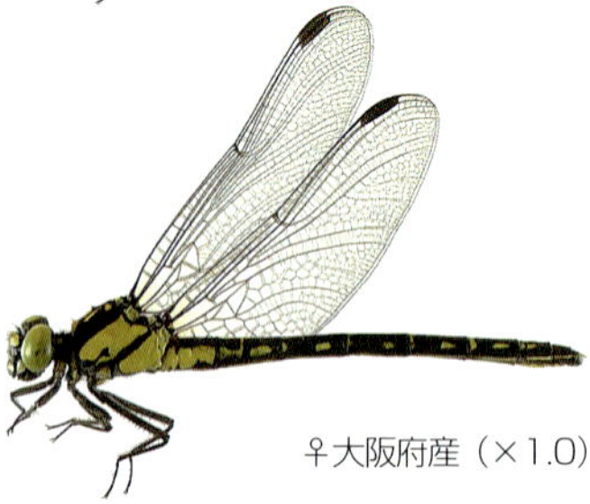
♀大阪府産（×1.0）

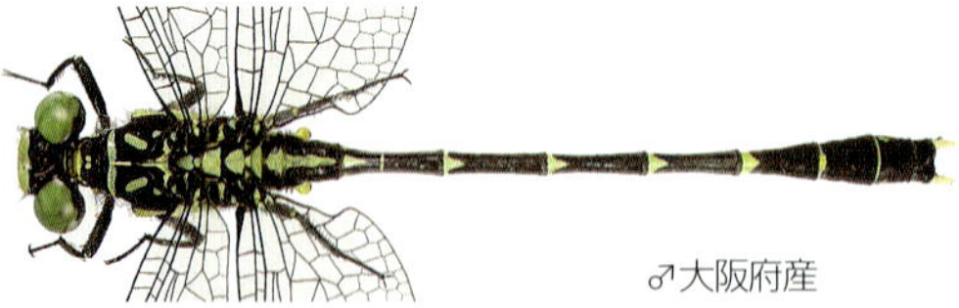
♂大阪府産

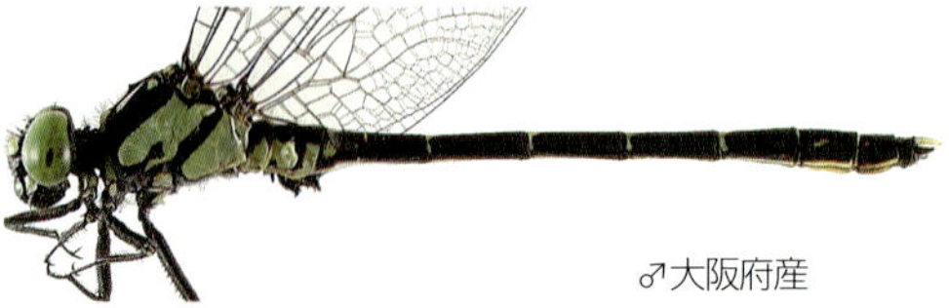
♂大阪府産

♀大阪府産

♀大阪府産

♀を捉えた♂：狭い範囲で複数の♂が待ち構えるので、早い者勝ちである。大阪府貝塚市 00.07.02 N.N

♀産卵：最もよく見られる間歇打水型の産卵。波紋の中に卵が見える。大阪府貝塚市 00.07.16

サナエトンボ科 Gomphidae

アオサナエ

Nihonogomphus viridis Oguma

兵庫	大阪	京都	滋賀	奈良	和歌山	三重
C	NT	○	○	NT	○	○

【成虫形態】体長約55〜62mm。頭部から胸部にかけては未熟個体では黄色だが、成熟につれて鮮やかな緑色になる。♂の上付属器は黄色で、ハサミムシのはさみに似た形状をしている。

【生息環境】丘陵地から低山地のヨシなどが繁茂した砂泥底や砂礫底の河川中流域。琵琶湖にも見られる。

【成虫出現期】4月下旬〜7月下旬。5月下旬から6月上旬に多い。

【生態】卵期10〜11日。1世代2〜3年型。羽化は夜間から早朝にかけて行われる。羽化地周辺で未熟個体を見る機会は少ない。成熟♂は水域の石の上や植物に静止して縄張りをもつが、生殖活動の活発になる夕方には猛スピードで追いつ追われつの飛翔をして縄張り争いをする姿が見られる。水域で♀を捕らえて交尾態になると、一気に樹上に移動して静止する。♀は流れの瀬でホバリングしながら時おり卵塊を落として産卵する。ごく稀に間歇打水産卵が見られることもある。

【分布】日本特産種。本州・四国・九州に分布する。近畿地方では個体数は減少しているが、比較的広く分布している。

♂兵庫県産（×1.0）

♀兵庫県産（×1.0）

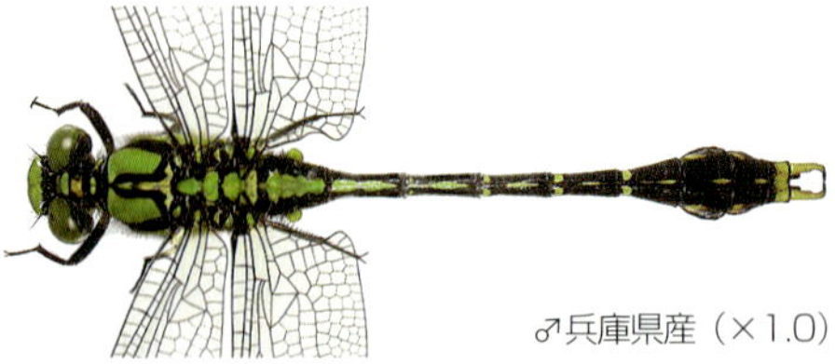

♂兵庫県産（×1.0）

♀兵庫県産（×1.0）

♂捕食：連結しているクロイトトンボの♂だけが犠牲になった。兵庫県三田市 00.06.04

♀産卵：卵塊の落下を促すためか、腹部を時おりごくわずかに振っている。兵庫県三田市 00.06.04

オナガサナエ

Onychogomphus viridicostus (Oguma)

兵庫	大阪	京都	滋賀	奈良	和歌山	三重
○	○	○	○	○	○	○

【成虫形態】体長約58～66mm。♂の尾部付属器は和名のように長大で、下付属器は二叉して上にそり返った形状をしている。
【生息環境】平地から低山地の河川。幼虫は比較的流れの速い、瀬の砂礫や石の下で得られる。
【成虫出現期】5月下旬～9月下旬。7月下旬から8月中旬に多い。
【生態】卵期9～10日。1世代2～3年型。羽化は典型的な夜間型で、明け方に見られるのは稀である。未熟個体は羽化場所から離れた林の樹冠部で過ごす。成熟♂は河原の石の上などに止まって縄張りをもつが、明け方やたそがれ時にはホバリングを交えて飛び回る個体が見られる。♀を捕らえた♂はすぐに空中で交尾態となり、一気に離れた樹林に向かって飛んでいき、静止する。♀は午前中やたそがれ時を中心に、瀬になったところでホバリングをしながら時おり卵塊を落として産卵する。卵塊を落とす際、腹部をごくわずかに振ることが多い。ごく稀に間歇打水産卵を行う個体もある。
【分布】日本特産種で本州・四国・九州に分布。近畿地方でも各府県に分布しているが、生息地は減っている。

♂兵庫県産（×1.0）

♀兵庫県産（×1.0）

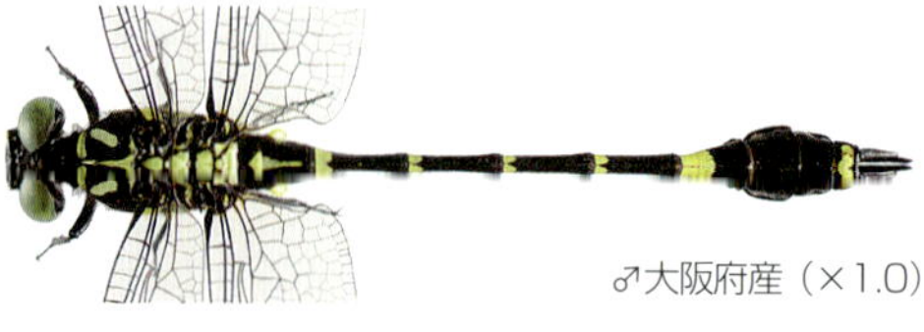
♂大阪府産（×1.0）

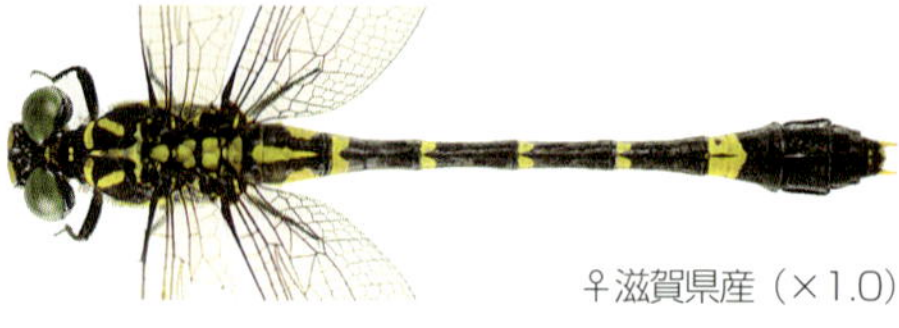
♀滋賀県産（×1.0）

♂縄張り：静止するものが多いが、早朝や夕方の涼しい時間帯はホバリングも見られる。兵庫県三田市 95.08.26

♀産卵：盛夏の午後は4時過ぎから生殖活動が活発になり、日没後まで続く。兵庫県猪名川町 95.08.16

コオニヤンマ

Sieboldius albardae Selys

兵庫	大阪	京都	滋賀	奈良	和歌山	三重
○	○	○	○	○	○	○

【成虫形態】 体長約78～92mm。日本最大のサナエトンボで、体長に比べ頭部が小さい。後肢が著しく長く、ブラシのような毛が生えている。

【生息環境】 主に低山地の河川の中流域から上流域にかけて生息する。細い谷川や小川にも適応している。

【成虫出現期】 5月下旬～9月中旬。7月から8月に多い。

【生態】 卵期10～12日。1世代2年型。羽化は主に早朝～午前中に行われる。未熟個体は河川敷の草むらや隣接する水田地帯で摂食して過ごす。未熟期ははかなり移動することもあり、山地の稜線部でも姿を見かける。好んで大型の獲物を狩る。成熟♂は河川に戻って瀬石の上や流れに張り出した枝先に静止して縄張りをもち、時々、流れに沿ってパトロールする。♀は瀬や岸辺近くなどで単独でホバリングして卵塊を形成した後、打水して産卵する。産卵は夕方行われることが多いが、薄暗い谷川などでは午前中から昼頃にかけて行われることも多い。

【分布】 国内では北海道・本州・四国・九州に広く分布し、近畿地方でも全域に生息している。

♂兵庫県産（×1.0）

♀兵庫県産（×1.0）

キイロサナエを捕食する♂：中流域のトンボの天敵。大型種も長い後肢で抱えてしまう。兵庫県三田市 05.06.15

♀産卵：打水産卵するはずが橙色の卵塊を葉上につけてしまった。兵庫県三田市 01.07.08

サナエトンボ科 Gomphidae

タイワンウチワヤンマ

Ictinogomphus pertinax (Selys)

兵庫	大阪	京都	滋賀	奈良	和歌山	三重
○	○	○	○	○	○	○

【成虫形態】 体長約73～77mm。大型のサナエトンボでウチワヤンマに似るが、本種は腹部第8節側縁のウチワ状部分に黄色部がなく黒いので区別は容易である。

【生息環境】 主に平地から低標高地の抽水植物が豊富な開放的な池沼に生息する。

【成虫出現期】 6月中旬～10月中旬。8月から9月前半に多い。

【生態】 卵期8～9日。1世代1～2年型。羽化は夜間に行われ、明るくなる前に飛び立っていく。未熟個体は林間の空き地などで摂食している姿がたまに見られる程度である。水域からかなり離れたところでも見られることがある。成熟♂は池沼に戻って棒先や植物の頂部に静止して縄張りをもち、時々水面を低く直線的に飛びながらパトロールする。♀を見つけるとただちに追尾して連結し、飛びながら交尾する。交尾は5秒くらいで終了し、♀は藻の多い水域を選んで飛びながら打水して産卵する。♂が警護することもあるが、他の♂の干渉が激しい場合、高速で低く飛びながら打水していく。しかし、途中で何度も捕まって交尾することも珍しくない。

【分布】 国内では温暖化の影響からか、生息地の北上と東進が続いており、九州・四国の全県と本州では神奈川県までの太平洋側と島根県など山陰地方に分布域が広がっている。近畿地方でも各府県で記録されているが、北部では少なく、まだ日本海側での観察例はない。

♂大阪府産（×1.0）

♀大阪府産（×1.0）

♂縄張り：大阪府では30年ほど前に初めて見つかったが、今は普通の光景である。大阪府河内長野市 99.08.14

♀産卵：交尾時間は短く、場所を移動しながら間歇打水産卵を行う。三重県紀北町 04.07.18 清水典之

ウチワヤンマ

Sinictinogomphus clavatus (Fabricius)

兵庫	大阪	京都	滋賀	奈良	和歌山	三重
○	○	○	○	○	○	○

【成虫形態】体長約76～84mm。タイワンウチワヤンマに比べると、体が一回り大きいうえ、腹部第8節側縁のウチワ状の広がりも大きく、中に黄色部があるので区別できる。

【生息環境】平地から丘陵地のヨシなどの抽水植物や、浮葉植物がある、大きくて水深のある池沼や湖。水郷地帯の流れにも生息する。幼虫はかなり水深の深いところにいるのが普通で、採集が難しい。

【成虫出現期】5月下旬～9月下旬。6月下旬から7月頃に多い。

【生態】卵期7～10日。1世代2年型。羽化は夜間に行われる。未熟♂や♀は水域からかなり離れた草原的なところで摂食している。成熟♂は水域の植物の枝先などに静止して縄張りをもち、♀を捕えると交尾態となり、水域から飛び去るか、近くに静止する。しばらくすると交尾態のまま水域に戻り、水面を広範囲に飛び回った後、適当なところで交尾を解く。♀は浮遊物に一旦静止するなどした後、ホバリングしながら浮遊物に腹端を間歇的に打ち付け、粘着質の糸に連なった卵を貼り付ける。交尾を解いて少しの間♂が警護飛翔することが多い。

【分布】国内では本州・四国・九州。近畿地方では減少傾向。

♂兵庫県産（×1.0）

♀兵庫県産（×1.0）

交尾：この後、産卵適所が決まるまでかなりの時間池面を広く飛び回る。兵庫県稲美町 08.07.06

産卵：ポイントには卵を含む粘着質の糸が幾重にも貼り付けられ、トリモチ状になる。兵庫県加西市 99.07.20

オニヤンマ

Anotogaster sieboldii (Selys)

兵庫	大阪	京都	滋賀	奈良	和歌山	三重
○	○	○	○	○	○	○

♂大阪府産（×1.0）

♀大阪府産（×1.0）

♀産卵：産卵弁を砂に突き立てる音が聞こえるほど豪快で、数百回に及ぶこともある。京都市北区 06.08.26

【成虫形態】体長♂約90～103mm、♀約98～114mm。日本最大のトンボ。♀は長大な産卵弁をもち、未熟な間は翅が淡い黄色を帯びる。南西諸島、台湾の個体は腹部黄色斑が発達する。

【生息環境】平地から山地の小川や渓流、湿地脇の細流など。

【成虫出現期】6月上旬～10月下旬。7、8月に多い。

【生態】卵期51～67日。1世代3～4年型。羽化は主に夜間に行われ、水辺から数m離れたところで行うこともある。7月頃、谷間の高空で未熟個体が摂食飛翔している姿が見られる。♂は成熟すると、流れの上や林道上を往復飛翔するようになる。産卵♀を見つけると、水面すれすれで数秒間ホバリングして狙いを定め、一気に飛びかかって連結し、しばらく飛び回った後、樹上に静止して交尾する。交尾は数時間に及ぶことが多い。産卵は砂地の緩やかな流れの岸辺付近で飛びながら垂直に近い体勢で降下し、産卵弁を斜め前方に突き刺すようにして行う連続挿泥型。

【分布】国内では全都道府県に分布する。

オオヤマトンボ

Epophthalmia elegans (Brauer)

兵庫	大阪	京都	滋賀	奈良	和歌山	三重
○	○	○	○	○	○	○

【成虫形態】 体長約80〜90mm。金緑色の地に黄色の斑紋があり、がっしりとした胸部をもつ。

【生息環境】 平地から丘陵地の湖や開放的な池沼を好む。幼虫は池底の泥に浅く潜っている。

【成虫出現期】 4月下旬〜10月中旬。5月下旬〜7月に多い。

【生態】 卵期8〜13日。1世代2〜3年型。♂は池の岸辺に沿ってパトロールするが、複数個体が時間をずらして同一のエリアをパトロールすることが多い。♂同士が出会った場合もそれほど強い排他行動はとらない。静止している個体を見かける機会は少ない。♀を見つけるとただちに連結、交尾態となり、樹上に静止する。産卵は早朝や夕方によく見られる。水面すれすれを広範囲に飛び回りながら時おり打水する間歇打水産卵であるが、稀に岸近くの狭い範囲をコヤマトンボの産卵のように往復して行われることもある。

【分布】 国内では北海道から沖縄県まで全都道府県で記録されている。

♂大阪府産（×1.0）

♀兵庫県産（×1.0）

♂水浴後の静止：垂直に近い枝に止まる場合は、懸垂型の静止に見えないことがある。兵庫県加東市 03.06.28

♀産卵：肉眼では水面に触れる程度にしか見えないが、引っかくように打水している。兵庫県稲美町 08.07.06

キイロヤマトンボ　NT

Macromia daimoji Okumura

兵庫	大阪	京都	滋賀	奈良	和歌山	三重
A	CR+EN	VU	○	NT	VU	EN

【成虫形態】体長約71～82mm。コヤマトンボに似るが、本種のほうが細身で腹部第8、9節の黄斑はより発達している。♀の翅は付け根付近を中心に橙色を帯びる。
【生息環境】砂地が多く、緩やかな流れの河川中流域。幼虫は砂地に浅く潜っている。
【成虫出現期】5月下旬～8月。6月に多く、8月には少なくなる。
【生態】卵期約10日。1世代2～3年型。未熟期は林縁部などで摂食して過ごす。成熟♂は林が隣接する流れをパトロールすることが多い。コヤマトンボと違って、川面を広く飛翔する。午前中は比較的ゆったりとした飛び方をしているが、たそがれ時になると活発な飛び方になり、排他性も強まる。♂は♀を捕まえるとすぐに交尾態になり、樹上に移動して静止する。産卵はたそがれ時に多いが、♂のあまりいない午後の暑い時間帯でも見られ、♀は水面すれすれを複雑に飛びながら間歇打水産卵する。稀にコヤマトンボと同様、岸近くの狭い範囲を往復して産卵することもある。
【分布】国内では福島県以南の本州・四国・九州に分布するが、産地は限られる。近畿地方でも各府県の特定の河川だけで見られ、個体数も少ない。三重県には汽水域の生息地があるという。

♂兵庫県産（×1.0）

♀兵庫県産（×1.0）

♂パトロール：川の隅を飛ぶコヤマトンボと違い、川面の中ほどを飛翔する。兵庫県猪名川町 98.06.20

♀産卵：採卵が難しい種であるが、腹端に薄緑の卵塊ができている。兵庫県猪名川町 01.06.16

コヤマトンボ

Macromia amphigena amphigena Selys

兵庫	大阪	京都	滋賀	奈良	和歌山	三重
○	○	○	○	○	○	○

【成虫形態】体長約70～80mm。オオヤマトンボ、キイロヤマトンボとはp.216の見分け方の他、♀では腹部第4節から第6節下部に明瞭な黄斑があることでも区別できる。

【生息環境】河川の中流域に多いが、上流域から下流域まで広範に生息する。幼虫は泥や水底の落ち葉などの堆積物に潜っていたり、ヨシなどの根際に潜んでいたりする。流水だけでなく琵琶湖や池沼で幼虫が得られることもある。

【成虫出現期】4月下旬～9月下旬。5～6月に多い。

【生態】卵期約7日。1世代2～3年型。未熟個体は林縁や林間の上空の開けたところで摂食飛翔する姿がよく観察される。成熟♂は川を往復飛翔するが、川幅のあるところでは岸辺に沿って飛ぶ。連結したペアはすぐ交尾態となり、一気に高い木の梢に移動して静止する。産卵は岸近くの流れの緩やかなところを往復しながら間歇打水することにより行われる。

【分布】本州・四国・九州に普通で、北海道には亜種エゾコヤマトンボが分布する。

♂大阪府産（×1.0）

♀兵庫県産（×1.0）

♂静止：普通種だが静止しているシーンに出くわすことは少ない。三重県南伊勢町 99.07.10

♀産卵：♂の飛ぶコース同様、産卵も岸の近くで行われる。兵庫県猪名川町 08.06.17

トラフトンボ

Epitheca marginata (Selys)

兵庫	大阪	京都	滋賀	奈良	和歌山	三重
○	○	○	○	NT	○	○

【成虫形態】体長約50～58mm。黒地に黄色の虎斑（とらふ）模様のトンボ。♂の翅は透明だが、♀の翅には前縁に黒褐色の条がある。この条は、個体によっては色が薄い場合や、消失する場合がある。

【生息環境】平地から丘陵地のヒルムシロやジュンサイ、ヒシなどの浮葉植物やヨシなどの抽水植物の繁茂する水質のよい池。

【成虫出現期】4月上旬～6月中旬。5月に多い。

【生態】卵期10～15日。幼虫期約320日。1年1世代型。未熟個体は樹林地の開けたところで摂食して過ごす。成熟した♂は水面上を短いホバリングを交えて縄張り飛翔する。水域で♀を捕らえた♂はただちに交尾態となり、たいていは池を離れる。稀に池の近くで静止するペアもあることから、池を離れたペアも樹上で静止しているものと思われる。交尾態のまま水域に戻ってきたペアはしばらく水面を広範囲に飛び回った後、ホバリングしながら交尾を解く。直後に♀は一旦打水して付近の植物に止まり、卵紐の塊を形成する。この間♂が追尾していくことも多い。その後水面に戻った♀は腹端で水面をなでる形で卵紐を植物に絡むように解き放つ。卵紐はしばらくすると水分を吸収して膨潤・白濁する。

【分布】国内では本州・四国・九州に分布する。近畿地方では各府県で見られるが、生息地はかなり減少している。

♂大阪府産（×1.0）

♀兵庫県産（×1.0）

♀産卵：京都府亀岡市 07.05.17

交尾：この後池面に戻り、産卵適所が決まるまで交尾態のまま広く飛び回る。京都府亀岡市 01.05.13

産卵：水面をなでるように打水する間に卵紐がほどけていくのが分かる。京都府亀岡市 01.05.13

タカネトンボ

Somatochlora uchidai Foerster

兵庫	大阪	京都	滋賀	奈良	和歌山	三重
○	○	○	○	○	○	○

【成虫形態】体長約54～64mm。金属光沢のある緑色をしており、♂♀とも黄色部は少ない。近似種とは主に腹端で区別できる（→p.216）。

【生息環境】丘陵地から山地の樹林に囲まれた池沼や小規模な水溜り。細流の淀みでハネビロエゾトンボに混じって幼虫が確認されることもある。

【成虫出現期】6月下旬～10月下旬。7月下旬から8月に多い。

【生態】卵期19～30日。幼虫期約650日。1世代2年型。未熟成虫は林道などの上空が開けたところで摂食飛翔する姿がよく見られる。成熟♂は池の縁に沿って短いホバリングを交えながら縄張り飛翔を行う。大きい池では隅の部分や木の枝が水面に張り出した樹陰部を好み、明るい領域は素早く通過する。産卵♀を見つけると、狙いを定めるように水面すれすれでホバリングした後つかみかかり、交尾態になって樹上に静止する。産卵はやや特異で、♀は一旦打水して腹端に水滴を蓄え、大きく体を振って岸辺の草むらや苔などを目がけて卵の含まれた水滴を飛ばす。岸辺の状態によっては、打水から水滴を飛ばすまでに3m近く移動することもある。稀にやや間隔をおいた連続打水のような産卵も観察している。

【分布】国内では北海道から九州まで分布。近畿地方では低標高の地においては減少傾向にある。

♂大阪府産（×1.0）

♀大阪府産（×1.0）

♂縄張り：短いホバリングを交えて池面を飛び回る。兵庫県三田市 04.08.16

♀産卵：放たれる寸前の水滴の中ほどに卵が含まれているのが分かる。奈良県御所市 08.08.12

エゾトンボ

Somatochlora vividiaenea (Uhler)

兵庫	大阪	京都	滋賀	奈良	和歌山	三重
C	○	○	○	○	○	○

【成虫形態】体長♂約56〜63mm、♀約58〜71mm。♀ではかなりの大型個体も見られ、ハネビロエゾトンボと違って腹部に明瞭な黄斑がある。♂は腹部第6〜8節に小さな黄斑が出る個体がある。

【生息環境】平地から丘陵地にかけての樹林に囲まれた湿地や休耕田。

【成虫出現期】5月下旬〜10月下旬。7月中旬から8月に多い。

【生態】卵期17〜26日。約660日。1世代2年型。未熟個体は林縁などで摂食飛翔をして過ごす。成熟♂は湿地に戻り、ホバリングを交えて縄張りをもつ。時にヨシの繁茂した河川上や細流上でホバリングするなど、ハネビロエゾトンボと紛らわしい行動をする個体もあるので同定には注意を要する。♀を捕えた♂はただちに交尾態となるが、近似種と違って、しばらく湿地上を徘徊飛翔してから樹上へ移動して静止する。産卵は連続打泥の他、一旦打水しては連続打泥する個体も見られる。

【分布】国内では北海道から九州にかけて分布する。西南日本ではもともと産地が限定されていたが、近年さらに減少傾向の府県が増えている。

♂大阪府産（×1.0）

♀大阪府産（×1.0）

♂縄張り：頭を傾けて左旋回に入るところ。堺市南区 06.07.29

♀産卵：薄暗い湿地で、かなり長い間連続打泥産卵を行なった。堺市南区 01.08.12

ハネビロエゾトンボ VU

Somatochlora clavata Oguma

兵庫	大阪	京都	滋賀	奈良	和歌山	三重
C	NT	VU	NT	VU	○	EN

【成虫形態】体長約57～70mm。♂は若い個体では翅胸側面の黄斑は2本ともはっきりしているが、成熟に伴い後方の黄斑だけがわずかに残る程度になり、中には消失する個体もある。したがって♂は捕獲しないとエゾトンボとの区別は困難である（→p.216）。

【生息環境】平地から丘陵地の湿地や水田脇の細流など。幼虫は流れのあまりないようなところの落ち葉や石の下に潜んでいるが、タカネトンボやエゾトンボと混生していることもあり、注意を要する。

【成虫出現期】6月上旬～10月中旬。7月下旬から8月に多い。

【生態】卵期45～50日。幼虫期約630日。1世代2年型。未熟個体は羽化場所からやや離れた樹林地の上空の開けたところで摂食して過ごす。成熟♂は水域に戻って比較的狭い範囲を時に長いホバリングを交えて往復飛翔する。縄張り♂の排他性は強い。産卵にやってきた♀を捕捉した♂はすぐに交尾態となって樹上に移動し静止する。産卵は細流の淀みでは一旦打水して岸辺や苔むした石に連続打泥することを繰り返すことで行われる。また、ほとんど水がなくなって湿地状になった流れでも同様に行われるが、打水する場所はほぼ同じでも、打泥する場所がかなり広範囲にわたったり、打泥・打水も間歇的であったり連続的であったりと、変化に富む。しばしばたそがれ飛翔をする姿が見られる。

【分布】国内では北海道から九州まで分布するが、産地は局限される。農地の整備による溝のU字溝化、里山の荒廃による細流の消失などにより、生息地の減少が加速している。

♂大阪府産（×1.0）

♀滋賀県産（×1.0）

♂縄張り飛翔：同じような場所に見えても♀が産卵にくるポイントは分かるようだ。神戸市北区 07.09.02

♀産卵：ここでは午前中に生殖活動が見られた。この後反転して岸辺で連続打泥産卵を行う。堺市南区 99.08.29

ハラビロトンボ

Lyriothemis pachygastra (Selys)

兵庫	大阪	京都	滋賀	奈良	和歌山	三重
○	○	○	○	○	○	○

【成虫形態】体長約33～40mm。腹部は幅が広く、頭部前額背面は金藍色を呈する。若い♂と♀は黄色の地に黒条があるが、♂は成熟するに従い全身が黒化して斑紋がなくなり、さらに成熟すると腹部に青灰色の粉を帯びる。

【生息環境】平地から丘陵地の日当たりが良く、比較的丈の低い抽水植物の茂った湿地、休耕田などに生息し、狭い場所で多数の個体が見られる場合が多い。幼虫は毛深く、水溜りの浅い泥底に生息し、冬季の乾燥には比較的強い耐性をもつことが知られている。

【成虫出現期】4月下旬～10月下旬。5月から8月に多い。

【生態】卵期8～10日。幼虫期約320日。1年1世代型。未熟な個体は発生水域をあまり離れず、周囲の草原や林縁で成熟個体と入り混じって見られる。成熟した♂は水辺の草に静止して縄張りをもち、時々ホバリングを交えて周囲を巡回飛翔する。交尾は、水域付近の草に静止して行われる。産卵は、♀が単独で浅い水溜りの水を連続的にかきあげるようにして行われる。♂の警護を伴うこともある。

【分布】国内では北海道（南部）から鹿児島県にかけて分布するが、北日本では産地が限られる。近畿地方では全府県に分布するが、日本海側では少ない。

♂大阪府産（×1.0）

♀大阪府産（×1.0）

♂静止：成熟のすすんだ個体。堺市南区 06.05.28

♀静止：遅い時期に羽化する個体がある。
大阪府河内長野市 07.10.28

♂縄張り争い：腹部を上にそらせる飛翔ポーズは♀に求愛する際も見られる。奈良県宇陀市 08.05.17

♀産卵：広い腹部を使って水をかきあげ、卵を含む水滴にして飛ばす。奈良県宇陀市 08.05.17

ヨツボシトンボ

Libellula quadrimaculata asahinai Schmidt

兵庫	大阪	京都	滋賀	奈良	和歌山	三重
○	○	○	○	NT	○	○

【成虫形態】体長約39〜52mm。黄色と褐色を基調にした、ややずんぐりした体形のトンボで、老熟すると黄色部が褪せてくる。翅の結節付近と後翅の基部に黒い斑紋がある。稀に翅の亜結節部と縁紋付近に黒褐色斑が発達したプラエヌビラ型と呼ばれる個体もある。

【生息環境】水の涸れない湿地や休耕田、抽水植物の豊富な池沼。標高の高い池沼でも見られる。幼虫は植物性沈積物の間に潜んでいる。

【成虫出現期】4月中旬〜7月上旬。5月に多い。

【生態】卵期8〜9日。幼虫期約330日。1年1世代型。羽化は主に明け方から早朝に行われる。未熟個体は発生地に隣接する草むらや林縁の空き地などで摂食して過ごす。成熟♂は水辺の抽水植物の先などに止まって縄張りをもつ。排他性が強く、他の♂が侵入すると向かい合って対峙した後、激しく追尾して追い出す。交尾は飛びながら行われ、せいぜい10秒余りで終了する。♀は単独で抽水植物の根際付近の水面で連続飛水産卵する。植物が繁茂しすぎて水面が覆われてくると、急速に個体数が減少する。休眠時は池沼近くの林に移動し、草むらの中では眠らない。

【分布】日本特産亜種。南千島から鹿児島県まで広く分布している。近畿地方全域に生息しているが、南近畿では局限される傾向がある。ヨシが岸辺に繁茂した条件の良い池沼や湿地が減少し、多産地はあまり見られなくなっている。

♂大阪府産（×1.0）

♀大阪府産（×1.0）

翅斑異常型♂兵庫県産（×1.0）

♂静止：4本肢で止まる角度は、水平近くからぶら下がるような姿勢までさまざまである。堺市南区 01.05.06

♀羽化：いわゆる倒垂型の羽化で、翅全体が比較的均一に伸びていく。兵庫県加西市 08.05.04

ベッコウトンボ　CR+EN

Libellula angelina Selys

兵庫	大阪	京都	滋賀	奈良	和歌山	三重
A	EX	CR+EN	VU	—	—	CR

【成虫形態】体長約40～48mm。若い♂と♀の体色は茶褐色だが、♂は成熟すると黒褐色になる。前翅及び後翅の基部、結節部、縁紋付近に黒褐色の斑紋がある。

【生息環境】平地や丘陵地のヨシやヒメガマなどの抽水植物が生え、周囲に草原のある水深の浅い池沼に生息する。幼虫は、抽水植物がまばらに生え、堆積物のある水底に生息する。

【成虫出現期】4月中旬～6月下旬。5月に多い。春のトンボ。

【生態】卵期8～10日。幼虫期約330日。1年1世代型。未熟な個体は周囲の日当たりの良い草原で過ごす。枯れ草などに静止すると保護色となる。成熟した♂は水辺の植物の葉先などに静止して縄張りをもち、時々付近をパトロールする。縄張りに♀が飛来すると、♂は空中で♀と交尾するが、静止することもある。交尾は数秒で終わる。♀は水辺の植物のある付近で単独で水をかきあげるようにして産卵を行い、その際、しばしば♂が上空で警護する。

【分布】国内では宮城県・新潟県以西、鹿児島県までの本州・四国・九州に生息していたが、各地で産地が失われ、現在では静岡県、兵庫県、山口県及び九州の一部のみに限定される。近畿地方では、唯一産地の残る兵庫県も絶滅寸前の状態である。

♂兵庫県産（×1.0）

♀兵庫県産（×1.0）

未熟♂：兵庫県加西市 00.05.04

♂静止：近畿地方ではもう見られなくなるかもしれない。兵庫県加東市 02.05.05

未熟♀静止：未熟色は、まだ枯れ草の残っている草原では保護色になっている。兵庫県加西市 00.04.29

シオカラトンボ

Orthetrum albistylum speciosum (Uhler)

兵庫	大阪	京都	滋賀	奈良	和歌山	三重
○	○	○	○	○	○	○

【成虫形態】体長約49～60mm。未熟個体は黄褐色と黒を基調とした体色で、♂と♀であまり変わらないが、♂は成熟すると白粉を吹く。♀は麦藁のような色であるが、稀に♂と同様に白粉を吹く個体が見られる。

【生息環境】底に泥が溜った浅い池沼や湿地、滞水、緩流域など広範囲な水域に生息し、幼虫は砂泥中に浅く潜っている。やや汚れた水にも耐える。

【成虫出現期】4月中旬～11月上旬。

【生態】卵期5～6日。幼虫期最短60日。1年1～2世代型。羽化は夜間から早朝に行われる。成虫は発生水域近くの草むらや空き地で見られる他、水辺からかなり離れた市街地や山頂部でも見られ、移動性がある。非常に貪欲で、自分と同程度の大きさの獲物を狩ることも珍しくない。成熟♂は水際の石などに静止して縄張りをもち、他の♂を激しく追い払う。♀を見つけるとすぐに飛びかかって連結し、近くに静止して交尾する。♀は単独で連続飛水産卵をするが、交尾した♂が♀のやや後方上空で飛びながら警護することが多い。

【分布】国内では小笠原を除く北海道から沖縄県（局所的）までの日本全域に広く分布する。近畿地方でも普通に見られる。

♂大阪府産（×1.0）

♀大阪府産（×1.0）

交尾：最も普通に見られる種の1つ。
大阪府阪南市 99.09.05 N.N

オオシオカラトンボ

Orthetrum melania (Selys)

兵庫	大阪	京都	滋賀	奈良	和歌山	三重
○	○	○	○	○	○	○

【成虫形態】体長約51～61mm。黄褐色に黒色の斑紋があり、翅の基部に独特の黒褐色斑がある。♂は成熟すると、胸部背面・側面及び腹部（尾端を除く）に青灰色の粉を帯びる。複眼は黒褐色。

【生息環境】平地から山地の湿地、水田、休耕田や溝川、沢筋など。シオカラトンボと比べると、周囲が樹林に囲まれた閉鎖的な環境を好む。幼虫は植物性沈積物の間に潜んでいるか、または浅い水溜りや緩やかな流れの泥中に浅く潜っている。

【成虫出現期】5月下旬～11月上旬。6月から8月に多い。シオヤトンボと入れ替わるように、一足遅れて発生する夏のトンボ。

【生態】卵期5～6日。幼虫期最短64日。1年1～2世代型。夏に発生するトンボで、未熟個体は林の中で過ごす。♂は成熟すると水域の低い枝先や棒杭などに静止して縄張りをもち、♀を待つ。交尾は水域周辺の草や石などに静止して行われる。♀は樹林に近い浅い水溜りや流れに単独で連続打水(飛水)産卵を行うが、多くの場合、♂が♀の上空で警護飛翔を行う。

【分布】国内では、北海道から沖縄県まで広く分布するが北海道では稀。近畿地方では全域に広く分布する。平地では少ないが、林の残っている場所で見られることがある。

♂大阪府産（×1.0）

♀大阪府産（×1.0）

♀の獲得争いをする♂：大阪府能勢町 02.07.28

シオヤトンボ

Orthetrum japonicum japonicum (Uhler)

兵庫	大阪	京都	滋賀	奈良	和歌山	三重
○	○	○	○	○	○	○

【成虫形態】体長約37～48mm。茶褐色に黒色の斑紋があるが、♂は成熟すると、胸部背面及び腹端に至る腹部背面全体に白粉を帯びる。シオカラトンボに似るが、一回り小さく、ずんぐりしている。
【生息環境】丘陵地から山地の湿地や水田など。幼虫は湧水や滲出水のある湿地・廃田の浅い泥底に浅く潜っている。
【成虫出現期】4月中旬～7月上旬。4月下旬から6月上旬に多い。春に出現するが、氷ノ山などの高標高の場所では8月に見られることもある。
【生態】卵期7～11日。幼虫期約320日。1年1世代型。春に発生するトンボで、春先の低温時、成虫は林に囲まれた空き地、中流から上流にかけての川原、流れ沿いの石、路傍の倒木など陽だまりに止まっているのがよく見られる。時には集団で止まっていることもある。♂は成熟すると水域の石などに静止して縄張りをもち、♀を待つ。産卵は♂が警護飛翔をする中、♀が連続飛水産卵を行う。
【分布】日本特産原名亜種で北海道・本州・四国・九州に生息する。対馬には中国大陸に分布する別亜種が生息する。近畿地方では広く分布するが、沖積低地にはほとんど見られない。

♂兵庫県産（×1.0）

♀兵庫県産（×1.0）

交尾：水の流れ込む休耕田が減少し、多く見られるところはあまりなくなった。兵庫県加東市 08.05.04

♀産卵：水をかきあげるような産卵は飛水産卵とも呼ばれている。兵庫県加東市 08.05.04

ハッチョウトンボ

Nannophya pygmaea Rambur

兵庫	大阪	京都	滋賀	奈良	和歌山	三重
C	NT	NT	○	VU	NT	○

【成虫形態】体長約18～22mm。世界で最も小さいトンボの一つ。未熟♂は橙色に黒斑があるが、成熟すると赤化する。♀は腹部が太く、黄色と褐色の斑紋をもつ。

【生息環境】丘陵地から山地の丈の低い植物が繁茂し、滲出水のある開放的な湿地や高層湿原に生息する。また、池沼の湿地化した部分、遷移途上の休耕田、土砂採取跡地に見られることもある。こうした湿地はpHが酸性に偏り、モウセンゴケなどの湿生植物が生えていることが多い。幼虫は湿地の水深の浅い部分の泥に棲む。

【成虫出現期】5月中旬～10月中旬。6、7月に多い。

【生態】卵期7～11日。幼虫期約320日。1年1世代型。未熟個体は発生地周辺の草地で見られる。成熟♂は湿地の草に静止して縄張りをもつ。交尾は付近の草に静止して行われ、時間は比較的短い。産卵は♀単独でたびたび休止しながら連続打水産卵を行うが、オスが警護飛翔することが多い。

【分布】国内では本州・四国・九州に生息する。近畿地方では全域に広く生息地が点在するが、紀伊半島では局限される。

♂兵庫県産（×1.0）

♀兵庫県産（×1.0）

♂兵庫県産（×2.0）

♀兵庫県産（×2.0）

縄張り♂：可憐さと眼にしみるような赤さで一般の人にも人気がある。兵庫県三田市 07.07.28

♀産卵：静止して卵塊を作っては数回打水する。小さくても卵塊ができている。兵庫県三田市 08.07.20

コフキトンボ

Deielia phaon (Selys)

兵庫	大阪	京都	滋賀	奈良	和歌山	三重
○	○	○	○	○	○	○

【成虫形態】体長約38〜48mm。未熟個体が白粉を帯びるまでにはあまり日数を要さない。♀には白粉が出ず翅に褐色のバンドが現れるタイプが知られるが、近畿地方ではきわめて稀で数例しか報告がない。

【生息環境】平地から丘陵地のヨシなどのある開放的な池沼、河川敷の淀み。汽水域でも見られる。幼虫は水生植物付近や沈積物の陰に潜んでいる。

【成虫出現期】5月下旬〜10月上旬。6月から7月上旬に多い。

【生態】卵期6〜16日。幼虫期最短90日。1年1〜2世代型。羽化は主に夜間に行われる。9月頃の羽化殻は小型で、年2化する可能性も考えられる。生息地では成熟、未熟、♂♀入り乱れて水域の植物などに静止する光景が見られる。交尾、産卵などの生殖活動は朝方や夕方に活発化するが、曇天の日中にも見られる。しかし、このような時間帯でも♂♀ほとんど無関心に静止する個体が並存する。交尾は短時間で飛びながら行われるが、なかには静止するペアも見られる。産卵は水面にわずかに沈んだ植物に飛びながら腹端を連続的にあてて、卵を付着させる。交尾乖離後♂が短時間警護することが多い。

【分布】国内では北海道・本州・四国・九州・沖縄県に分布するが、北海道・東北地方・九州南部では産地は限られる。

♂兵庫県産（×1.0）

♀兵庫県産（×1.0）

オビ型♀奈良県産（×1.0）

若い♂♀の静止：1つの枝に多数止まることがよくある。♂♀よく似ている。兵庫県加西市 01.07.08

♀産卵：せわしなく打水するようにして粘着質に覆われた青い卵を貼り付ける。兵庫県三田市 07.08.11

ショウジョウトンボ

Crocothemis servilia mariannae Kiauta

兵庫	大阪	京都	滋賀	奈良	和歌山	三重
○	○	○	○	○	○	○

【成虫形態】体長約44～55mm。中型のトンボで、若い♂と♀は全身が橙色で、斑紋がない。♂は成熟すると鮮やかな赤色に、♀は黄褐色に変化する。未熟個体はオオキトンボに似るので注意が必要である。

【生息環境】平地から丘陵地にかけての抽水植物や沈水植物のある日当たりの良い開放的な池沼、湿地など広範囲な水域に生息する。ビオトープなど人工的な池にもよく見られる。幼虫は沈水植物付近、抽水植物の根際、または植物性沈積物の間に潜んでいる。

【成虫出現期】4月下旬～11月上旬。6月から8月に多い。

【生態】卵期5～6日。幼虫期最短70日。1年1～2世代型。未熟な個体は発生地周辺の草原で見られる。♂は成熟すると水辺の草や棒の先などに静止して縄張りをもち、時々巡回飛翔する。交尾は飛翔しながら行われる。産卵は♀が単独で水面の水草やその付近を移動しながら打水して行う。この際♂が警護飛翔をすることもある。

【分布】タイリクショウジョウトンボの日本列島亜種で、北海道から鹿児島県本土にかけて分布する。近畿地方では、平野部に多いが山地では少ない。本亜種は大阪市長居公園産の標本に基づいて記載された。

♂大阪府産（×1.0）

♀大阪府産（×1.0）

未熟♂：大阪府和泉市 09.05.02

縄張り♂：腹部を挙げて強い日差しの受光量を軽減する。大阪府和泉市 07.08.17

♀静止：オナモミの葉の上でくつろぐ。大阪府泉南市 08.09.14 N.N

ミヤマアカネ

Sympetrum pedemontanum elatum (Selys)

兵庫	大阪	京都	滋賀	奈良	和歌山	三重
C	○	NT	○	NT	○	○

【成虫形態】 体長約32〜39mm。翅に赤褐色のバンドがあるので分かりやすい。体に目立つ斑紋はない。♂は成熟すると全身が赤くなる。♀は腹部背面が赤化する個体もある。

【生息環境】 アカネ属では珍しい流水種。平地から山地のヨシなどの繁茂した砂地の多い緩やかな流れ、河川敷や水田脇の流れなどに生息する。幼虫は沈積物の陰や植物の根際に潜んでいるが、水面近くのヨシの根などにつかまっていることもある。

【成虫出現期】 6月下旬〜12月上旬。10月に多い。

【生態】 卵期167〜189日。幼虫期約60日。1年1世代型。時おり生息地からかなり離れた山頂や溜池付近で見ることがある。しかし基本的には流れ付近の限られたエリア内で生活しており、生殖活動時間以外でも付近の草原に♂♀、未熟、成熟個体が混じって見られる。成熟♂は水域のヨシ原や付近の草原でホバリングを交えた探雌飛翔を行うのがよく見られる。静止しての縄張りも見られるが、はっきりしたものではない。交尾も付近で静止して行う。その後連結したまま連続打水、打泥産卵を行う。連結を解いてしばらく警護を受けながらの単独産卵も見られ、最初から単独で産卵することもある。

【分布】 国内では北海道・本州・四国・九州に分布。この10年、生息地の減少が著しい。近畿地方では兵庫県の六甲山麓など花崗岩質の砂地の流れに見られる他、各地にまだ産地が残っているが、他の府県の産地は数えるほどになってきている。

♂滋賀県産（×1.0）

♀三重県産（×1.0）

♂滋賀県産

♀三重県産

産卵：普通、そばを流れる川のほうに産卵するが、昔はこうした光景もよく見られたのだろう。大阪府岸和田市 08.11.01

♂縄張り：♂の排他性はそれほど強くない。砂地を含む流れが本来の生息環境。兵庫県西宮市 06.09.23

ナツアカネ

Sympetrum darwinianum (Selys)

兵庫	大阪	京都	滋賀	奈良	和歌山	三重
○	○	○	○	○	○	○

【成虫形態】 体長約33～41mm。翅胸第1側縫線に沿う黒条は、途中で直角に断ち切れたようになって終わる。成熟♂は胸部や額面まで赤くなる。♀は腹部背面がやや赤くなる個体が多い。

【生息環境】 平地から低山地の岸辺に草原のある池沼、水田、湿地。幼虫は植物性沈積物の陰や砂泥上にうずくまっている。

【成虫出現期】 6月下旬～11月下旬。9月中旬から10月に多い。

【生態】 卵期65～165日。幼虫期約120日。1年1世代型。羽化の時期はアキアカネより遅れ、時間帯は多くは夜間に行われる。未熟期は近くの林に移って過ごし、アキアカネほど顕著な移動は見られない。成熟♂は水辺に静止して♀を待つが、はっきりした縄張り性は見られない。交尾は近くに静止して行う。産卵は連結して湿り気のある岸辺の草地などに空中から打空して行われる。単独でも産卵する。

【分布】 国内では北海道・本州・四国・九州・種子島・奄美大島に分布する。近畿地方全般に見られるが、地域によっては激減しているところもある。

♂兵庫県産（×1.0）

♀兵庫県産（×1.0）

♂兵庫県産

未熟♂兵庫県産

♀兵庫県産

産卵：稲刈りの済んだ田の上で打空産卵するペア。奈良県生駒市 06.10.09

♂静止：水を落とした池岸にはスゲやオナモミが繁茂し、打空産卵するアカネ属が集まる。大阪府和泉市 00.10.14

トンボ科 Libellulidae

アキアカネ

Sympetrum frequens (Selys)

兵庫	大阪	京都	滋賀	奈良	和歌山	三重
○	○	○	○	○	○	○

【成虫形態】体長約33～46mm。♂は成熟すると腹部が赤化するが、頭部、胸部は赤化しない。♀は腹部背面がやや赤くなる個体もある。翅胸は黄褐色から褐色で朱色の部分もある。翅胸第1側縫線に沿う黒条は 太くはっきりしており、その先端は細まっている。この黒条にやや変異のある個体もある。

【生息環境】平地から低山地の水田、湿地、水溜り、池沼などに生息する。幼虫は沈積物の陰や泥の上にうずくまっている。

【成虫出現期】6月中旬～12月上旬。9月下旬から10月下旬が最盛期。

【生態】卵期81～178日。幼虫期約80日。1年1世代型。本種は前生殖期の移動が知られている。羽化した個体は山地の頂上付近や渓流沿いに移動して未熟期間を過ごし、秋になって涼しくなると平地の稲刈り後の水田や池沼に戻ってきて生殖活動を行う。普通、連結して連続打泥産卵または連続打水産卵を行うが、単独で産卵することもある。

【分布】国内では北海道・本州・四国・九州に分布。近年まで数多く見られた種であるが、近畿地方では急激に減少しており、特に阪神間ではほとんど見られなくなってきた。稲の品種の変化による水田の水管理の変化、農薬の変化が一因と考えられている。

♂兵庫県産（×1.0）

♀兵庫県産（×1.0）

♂兵庫県産

未熟♂兵庫県産

♀兵庫県産

産卵：多数産卵する姿は近畿地方では昔の光景になった。大阪府河内長野市 06.11.05

♀産卵：単独産卵もたまに見られる。腹部背面が赤くなる個体は珍しくない。大阪府岸和田市 07.10.28

タイリクアカネ

Sympetrum striolatum imitoides Bartenev

兵庫	大阪	京都	滋賀	奈良	和歌山	三重
○	○	○	○	○	NT	EN

【成虫形態】体長約40〜48mm。アキアカネに似るが、やや大型で翅の基部及び前縁が橙黄色をしている。羽化直後の個体は橙黄色の範囲が広い。成熟すると♂は腹部が赤化し、胸部も赤味を帯びるが、アキアカネに比べるとくすんだ赤色をしている。♀にも腹部背面が赤化する個体がある。翅胸第1側縫線に沿う黒条はごく短く、気門のやや上までしかない。

【生息環境】平地の海岸近くにある開放的な池沼、水溜り、プールなどに生息する。海岸の汽水の混じる池にも生息する。幼虫は沈積した落ち葉の陰や砂泥上にうずくまっている。

【成虫出現期】5月下旬〜11月中旬。10月上旬から10月下旬が最盛期。ただし、9月下旬まで水域ではほとんど見かけない。

【生態】卵期14〜26日。幼虫期130〜190日。1年1世代型。羽化後すぐに移動するようで、羽化直後の個体は羽化殻の多く見られる場所でも少数しか見かけない。夏に山地での記録はあるが、少ない。10月に入ると海岸近くで多数見かける。その少し前に海岸から少し離れた地点で時々観察されているが、詳しい移動の様子はまだ不明である。成熟して水域に戻った♂は枝先にも止まるが、石の上など白っぽくフラットなところを好んで縄張りをもつ。また、水面上をホバリングするのもよく見られる。交尾は水域近くに止まって行われ、その後連結したまま連続打水産卵が行われる。また単独でも産卵する。

【分布】国内では北海道・本州・四国・九州に分布する。ただし、本州の東北・関東・中部地方には分布しない地域が多い。近畿地方では瀬戸内海から紀伊半島を経て三重県尾鷲へ至る沿岸部の他、一部内陸地域でも見られる。

♂大阪府産（×1.0）

♀大阪府産（×1.0）

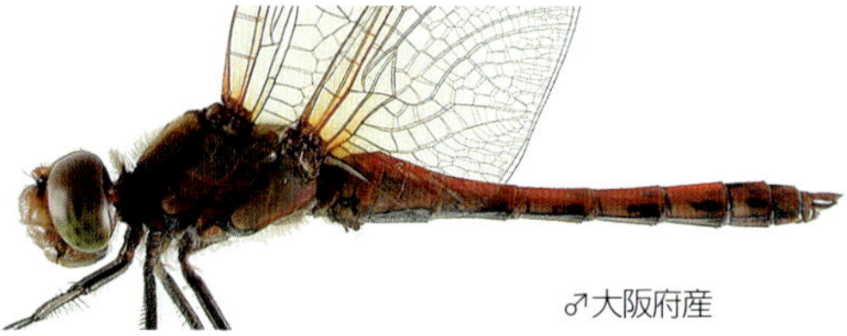
♂大阪府産

♀大阪府産

♂縄張り：池の水生植物が豊富なエリアには寄りつきもしない。大阪府高石市 08.11.02

産卵：海岸近くの、競合する種のあまりいない水域に生息することが多い。大阪府高石市 08.11.02

マユタテアカネ

Sympetrum eroticum eroticum (Selys)

兵庫	大阪	京都	滋賀	奈良	和歌山	三重
○	○	○	○	○	○	○

【成虫形態】体長約31～43mm。翅胸の斑紋はヒメアカネとよく似ているが、本種は額面の眉状斑が明瞭で、左右接した双山型をしていることが多い。♂の尾部上付属器は著しくそり返っている。♀では腹側から見た産卵弁の先が丸くなっている。♀には翅端に黒褐色の斑紋のある個体とない個体がある。♂の翅は無斑であるが、翅端にごくわずか黒褐色の斑紋の出る個体もある。成熟すると♂は腹部が赤化する。♀にも腹部背面が赤化する個体がある。

【生息環境】平地から山地の樹林に囲まれた抽水植物の豊富な池沼、湿地、水田及びその脇の流れ、ヨシの繁茂する砂泥底の河川などに生息する。幼虫は沈積物の陰や砂泥上にうずくまっている。

【成虫出現期】6月中旬～12月上旬。8月下旬から10月上旬が最盛期。産卵は8月下旬から見られる。

【生態】卵期54～146日。幼虫期90～120日。1年1世代型。未熟個体は水域に近い茂みや、やや水域から離れた林内で過ごし、比較的早く成熟する。交尾は付近の草の上などで行う。普通、連結したまま連続打泥産卵、連続打水産卵を行うが、単独で産卵することもある。

【分布】国内では北海道・本州・四国・九州に分布する。近畿地方では広く分布するが、水田周辺では以前ほど多くは見られなくなっている。

♂大阪府産（×1.0）

♀大阪府産（×1.0）

翅端斑型♀
大阪府産（×1.0）

♂大阪府産

♀大阪府産

産卵：止水域が中心だが流水域にも生息する。兵庫県西脇市 08.11.15

交尾：普通、静止して交尾するが、終盤に上下動しながら飛び回ることがある。兵庫県西脇市 08.11.15

マイコアカネ

Sympetrum kunckeli (Selys)

兵庫	大阪	京都	滋賀	奈良	和歌山	三重
○	○	○	○	○	○	○

【成虫形態】 体長約29～38mm。翅胸側面に複雑な斑紋があり、成熟♂の額面は青白色、♀は緑白色をしている。♀の翅の付け根付近には橙色部があり、他地域ではかなり発達した個体が見られるところもある。

【生息環境】 平地から丘陵地の水生植物の豊富な池沼。流水域に生息することもある。また海岸部にできた池に見られることもある。幼虫は沈積物の陰や砂泥上にうずくまっている。

【成虫出現期】 6月中旬～11月下旬。9月下旬から10月に多い。

【生態】 卵期40～183日。幼虫期約120日。1年1世代型。未熟個体は水域から遠く離れることもなく、岸辺の植物の密生したところや付近の林で過ごす。成熟♂は水辺の植物に静止して縄張りをもち、♀を捕まえるとただちに連結、交尾態となって近くの植物に静止する。産卵は交尾を解いた後、連結のまま大きく体を振って水際に打泥あるいは打水して行う。稀に単独で産卵することもある。

【分布】 国内では北海道・本州・四国・九州に分布。近畿地方では生息地が次々消え、比較的多かった兵庫県、滋賀県でも減少が著しい。

♂兵庫県産（×1.0）

♀兵庫県産（×1.0）

♂兵庫県産

♀兵庫県産

赤化型♀滋賀県産

産卵：かなり上下動の激しい打水産卵を行う。兵庫県加西市 99.09.18

交尾：♂の胸部は生殖活動をはじめて10日ほどの間に褐色が強くなり、額面の青味も増す。兵庫県加東市 06.09.30

ヒメアカネ

Sympetrum parvulum (Bartenev)

兵庫	大阪	京都	滋賀	奈良	和歌山	三重
○	○	○	○	○	○	○

【成虫形態】体長約28～37mm。小型のアカネ属で成熟♂の額面は灰白色、♀は黄白色で小さな1対の眉状斑が出る個体もある。♂の尾部上付属器はマイコアカネやマユタテアカネほどそり返らない。♀の産卵弁は長く、尾毛末端近くまで達し、幅も狭い。

【生息環境】平地から山地の樹林に囲まれた、滲出水のあるような湿地、休耕田。幼虫は水生植物の根際や泥底にうずくまっている。

【成虫出現期】6月下旬～12月上旬。10月中旬から11月上旬に多い。暖冬には年を越す個体もある。

【生態】卵期150～172日。幼虫期約100日。1年1世代型。未熟個体は羽化場所周辺の林縁部などで過ごす。成熟♂は湿地の背丈の低い植物などに静止して縄張りをもつ。交尾も湿地上で行われるが、交尾を解いた後、連結のまま産卵する場合と警護を伴う単独産卵に移行する場合がある。普通は単独産卵がよく見られる。どちらも泥に突き刺すような連続挿泥型で、産卵弁が泥に突き刺さったまま産卵が中断することも多い。連結産卵か単独産卵かの選択は個体密度に関係するという研究報告があるが、場所によってどちらかに偏る傾向も見られる。

【分布】国内では北海道から鹿児島県にかけて分布するが、産地は比較的限られる。近畿地方も同様で、湿地の植生遷移が進んだり、休耕田の乾燥化でさらに限られてきている。

♂大阪府産（×1.0）

♀大阪府産（×1.0）

♂大阪府産

♀大阪府産

産卵：腹端をそらして産卵弁を泥に突き刺す。離れてから単独産卵に移行することもある。大阪府河内長野市 07.11.04

♀産卵：交尾後は♂の警護をしばらく受けて単独で産卵することが多い。大阪府河内長野市 07.11.17

リスアカネ

Sympetrum risi risi Bartenev

兵庫	大阪	京都	滋賀	奈良	和歌山	三重
○	○	○	○	○	○	○

【成虫形態】体長約35～47mm。翅端に黒褐色の斑がある赤トンボ。♂は成熟すると腹部背面が赤化する。額面に眉状斑はない。胸側に2本の黒条があるが、第1側縫線上の黒条は上端に届かないか、先がすぼまる。

【生息環境】平地から山手の樹林に囲まれた木陰のある池沼や湿地。幼虫は水生植物付近や水底に沈積した落ち葉の陰に潜んでいる。

【成虫出現期】6月上旬～11月下旬。9月から10月に多い。

【生態】卵期20～77日。幼虫期最短108日。1年1世代型。羽化は6月に集中するが、日当たりの悪い環境ではだらだらと8月頃まで続く。未熟個体は羽化水域を遠く離れることはなく、林縁の梢の先などに止まって摂食しながら過ごす。成熟した♂は水辺の木の枝先などに静止して縄張りをもち、♀を捕えるとすぐに交尾する。交尾を終えたペアは連結態で打空産卵するが、途中で単独産卵に移行することも多い。また最初から♀単独でも産卵する。生殖活動は8月の初めには始まり、暑い時期は池の薄暗い岸辺を選んで産卵するが、植物がなくてもかまわないし、時間帯も午前・午後を問わない。涼しくなるにつれ、池岸の草むらなど明るいところへ出てくるようになり、産卵時間帯も午前に偏るようになる。

【分布】国内では本州・四国・九州に分布するが、東北地方では少ない。近畿地方では全域で普通に見られる。

♂大阪府産（×1.0）

♀大阪府産（×1.0）

♂大阪府産

♀大阪府産

交尾：連結態で池に飛来するペアが多いが、池畔で交尾することもある。大阪府岬町 08.09.23 N.N

産卵：涼しくなると日向で産卵する個体が多くなる。大阪府岬町 08.10.19

ノシメトンボ

Sympetrum infuscatum (Selys)

兵庫	大阪	京都	滋賀	奈良	和歌山	三重
○	○	○	○	○	○	○

【成虫形態】体長約40～50mm。翅端に褐色斑があり、翅胸側面の黒条は2本とも上端まで達する。♂は尾部上付属器先端が黒く、成熟すると体が暗赤褐色になるのも特徴。東北地方では翅斑に消失傾向が見られる個体が多いという。

【生息環境】平地から山地の湿地、水田、岸近くに草原のある開放的な池沼。時にヨシの繁茂する河川。幼虫は水生植物付近や沈積した落ち葉の陰に潜んでいる。

【成虫出現期】6月上旬～11月下旬。8月から10月に多い。

【生態】卵期66～176日。幼虫期最短104日。1年1世代型。 水田に生息するアカネ属の中では羽化時期は早い方に属する。未熟期は低山地で過ごす個体や、羽化場所からそれほど遠くない林縁部で過ごす個体がある。生殖活動は8月上旬から見られ始める。産卵は連結または単独で岸近くの草地上や稲の育った水田などで空中から放卵して行われる。連結を解いてから♂が一時的に警護することも多い。

【分布】国内では北海道から鹿児島県にかけて分布。近畿地方では90年代前半頃は圃場整備の進展に伴い、個体数が増加しているというような報告もあったが、最近は減少傾向にある。

♂兵庫県産（×1.0）

♀大阪府産（×1.0）

産卵：岸近くの草原に卵を落とす。集団産卵の光景は見る機会が少なくなった。兵庫県加西市 95.10.14

交尾：盛夏から生殖活動が見られる。三重県伊賀市 07.09.17

コノシメトンボ

Sympetrum baccha matutinum Ris

兵庫	大阪	京都	滋賀	奈良	和歌山	三重
○	○	○	NT	○	○	○

【成虫形態】体長約35〜45mm。翅端に黒褐色の斑紋があるグループの1種。翅胸側面の前後の黒条が途中でつながり、成熟♂は胸部や額面まで赤くなるのが特徴である。他の地方では腹部が赤くなる♀が知られている。

【生息環境】平地から山地の開放的な池沼。植生の貧弱な水溜りや、プールで幼虫が得られることもある。幼虫は沈積した落ち葉の陰や砂泥上にうずくまっている。

【成虫出現期】6月中旬〜12月上旬。9月下旬から10月に多い。

【生態】卵期53〜122日。幼虫期約90日。1年1世代型。未熟個体は林縁部で見られる。移動力もあるようで、生息地からかなり離れたところや、海岸沿いの埋立地の水溜りで見られることも多い。成熟した♂は水辺の植物に静止したり、水面上でホバリングを交えて飛翔したりして♀を待つ。交尾は付近の草むらなどに静止して行われる。産卵は連結したまま、連続打水あるいは打泥して行われる。また、途中で離れて警護を伴う単独産卵に移行することも多い。最初から単独産卵することもある。

【分布】国内では北海道・本州・四国・九州に分布する。近畿地方では内陸部や琵琶湖周辺で少ない傾向が強い。

♂兵庫県産（×1.0）

♀大阪府産（×1.0）

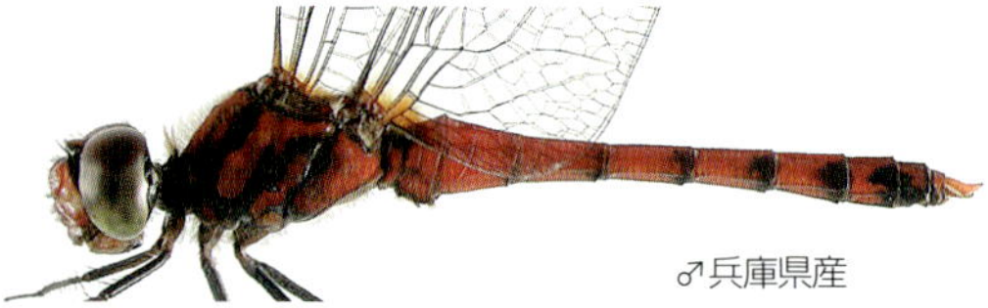

♂兵庫県産

♀大阪府産

産卵：植生の乏しい遠浅の池で打水産卵するのがよく見られる。晩秋には体色がくすんでくる。兵庫県西脇市 07.11.25

交尾：静止して交尾するが、後半に上下動を伴う飛翔をすることがある。兵庫県加西市 01.09.24

ナニワトンボ　VU

Sympetrum gracile Oguma

兵庫	大阪	京都	滋賀	奈良	和歌山	三重
C	NT	NT	○	VU	○	CR

【成虫形態】体長約31～39mm。アカネ属であるにもかかわらず、♂は成熟しても赤化せず、全身が青灰色の粉を帯びる。稀に♀の翅端にノシメトンボのような褐色を帯びる個体がある。

【生息環境】秋に水位が低下し、周囲に松などが茂っている平地から丘陵地にある池に生息する。幼虫はこのような池の浅い底の水生植物の根際や泥の上にうずくまっている。

【成虫出現期】6月中旬～11月下旬。8月下旬から10月に多い。

【生態】卵期39～174日。幼虫期72～176日。1年1世代型。羽化は多くは夜間に行われる。未熟な個体は発生地付近の林で枯れ枝の先などに静止しており、♂も♀と同様な体斑をしている。成熟して青灰色の粉を帯びた♂は8月上旬頃から水位の低下した池で、岸から張り出した木陰の枯れ枝の先などに静止して縄張りをもつ。秋が深まり気温が低下すると、♂の縄張りは日当たりの良い場所に移る。交尾は付近の木立や草の上などで行われる。産卵は干上がった池底の土、落ち葉、草の上などで行われ、連結または単独で地上10～20cmの高さから卵をばらまく。連結を解いてから♂が警護することが多い。産卵の合間の休止中にポロポロと放卵することもある。

【分布】日本特産種で、瀬戸内海を取り巻く地域に分布するが、一部福井県や鳥取県では日本海側にまで達する。瀬戸内海式気候、特に8月の降水量の少ない地域に分布域が重なり、これらの地域に多数作られた灌漑用溜池の一部を生息地としている。近年、秋に水を落とさなくなった池では個体数が減少している。

♂大阪府産（×1.0）

♀大阪府産（×1.0）

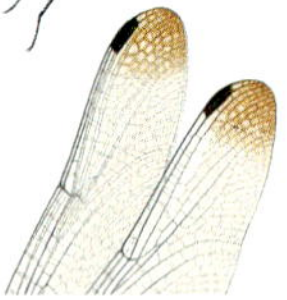
翅端斑型♀の翅　大阪府産

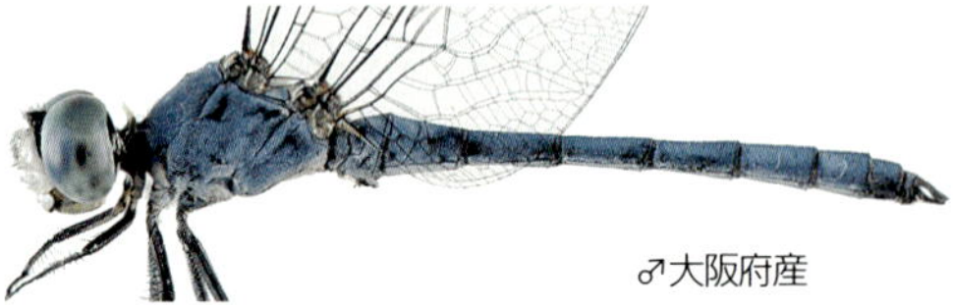
♂大阪府産

未熟♂大阪府産

♀大阪府産

連結を解いた直後の♂♀：連結を解くと♀はしばらく♂の警護を受けて産卵する。大阪府河内長野市 06.10.01

産卵：オナモミ群落に卵を落とすペア。シーズンには池の岸が露出していることが重要である。大阪府河内長野市 06.09.18

マダラナニワトンボ CR+EN

Sympetrum maculatum Oguma

兵庫	大阪	京都	滋賀	奈良	和歌山	三重
A	EX	CR+EN	LP	CR+EN	○	CR

【成虫形態】体長約32〜38mm。黒っぽいアカネ属。未熟個体ではナニワトンボとやや紛らわしいが、本種は翅の付け根に橙色部が出ることや、眉状斑の違いなどで区別できる。ただし♂は成熟すると翅の橙色部は目立たなくなる。翅胸側面の2本の黒条は途中でつながる個体の他、離れるもの、広く癒着するものもある。

【生息環境】平地から丘陵地の抽水植物が繁茂し、遠浅で開放的な岸辺がある水質の良好な池沼、湿地。近畿、東海地方ではマツ林を含む樹林地に囲まれた環境が多い。東北地方ではミズゴケ湿原に生息する。幼虫は浅い水底の砂泥上にうずくまっている。

【成虫出現期】7月下旬〜11月中旬。9月下旬から10月に多い。

【生態】卵期34〜175日。幼虫期約140日。1年1世代型。羽化は主に夜間に行われ、夜明けには飛び立つ寸前の個体が残っているだけのことが多い。未熟個体は水域をやや離れた樹林地で過ごす。成熟♂は水域で植物に静止し、時おりホバリングを交えて飛び回ったりして縄張りをもつが、午後からは高空をホバリングする個体も見られる。水域で交尾を見る機会は少なく、主に樹冠部などで行われていると思われる。産卵は日中の限られた時間帯に集中して行なわれる。連結して湿土や水際の植物上で打空産卵するが、離れると一時的な警護を伴う単独産卵に移行する。最初から単独でも産卵する。

【分布】日本特産種で産地は局限される。秋田、山形、福島、新潟、石川、岐阜、福井、静岡（飛来例と考えられる）、愛知、岡山、広島、鳥取、徳島（幼虫の疑わしい記録）の各県に記録がある。近畿地方では全府県に記録があるが、ほとんどの産地が失われた。現存確認できる兵庫、滋賀県も絶滅寸前で、三重県でも確認が困難になっている。

♂兵庫県産（×1.0）

♀兵庫県産（×1.0）

♂兵庫県産

未熟♂兵庫県産

♀兵庫県産

産卵：普通は湿り気のある岸の近くに産卵するが、水深の浅いところで産卵することもある。兵庫県加西市 99.09.18

交尾：池畔で交尾を見る機会は少ない。この池は改修により環境が破壊され、発生が絶えた。兵庫県加東市 03.10.09

ネキトンボ

Sympetrum speciosum speciosum Oguma

兵庫	大阪	京都	滋賀	奈良	和歌山	三重
○	NT	○	○	NT	○	○

【成虫形態】体長約39～46mm。ややがっしりした中型のアカネで、翅の付け根が赤い。翅胸側面に太い黒条があり、♂は全身赤化する。♀は腹部が赤化する個体が多い。
【生息環境】丘陵地から山地の木立に囲まれた池沼。幼虫は水生植物付近、沈積した落ち葉の陰や砂泥上にうずくまっている。
【成虫出現期】5月中旬～11月下旬。5月下旬に成熟個体が見られる一方、9月中旬に羽化する個体もあり、低標高地では年に2化していることも考えられる。
【生態】卵期7～15日。幼虫期90～270日。1年1～2世代型。幼虫でも越冬する数少ないアカネで、4月には若齢から終齢までさまざまな段階の幼虫が得られる。未熟個体は山に入り、稜線部や林道沿いの梢や電線に静止している姿を見かけることがある。秋の深まりとともに平地の池にも出てくるようになる。成熟♂は池の周囲の枝先などに止まって縄張りをもち、♀を捕らえるとすぐに交尾態となって近くの樹葉などに静止するが、樹冠部かどこかで交尾を終えて連結態で水面に飛来するペアのほうがはるかに多い。6月中旬には既に産卵が始まっている。連結態で水面を低く飛び回りながら打水産卵する。
【分布】国内では原名亜種が福島・新潟県以南、トカラ列島まで分布。近畿地方では各府県に生息しているが、南紀地方や兵庫県、京都府の北部など稀な地域もある。

♂大阪府産（×1.0）

♀大阪府産（×1.0）

♂縄張り：午後になると樹冠部など高いところに移動する。堺市南区 92.08.30

産卵：盛夏の頃は午前中の早い時間帯に終了する。広く飛び回りながら打水することが多い。大阪府泉佐野市 04.09.11

キトンボ

Sympetrum croceolum (Selys)

兵庫	大阪	京都	滋賀	奈良	和歌山	三重
○	○	○	○	VU	○	NT

【成虫形態】体長約36～45mm。翅の基部から半ばあたりまでと前縁に橙色部があり、体に目立つ斑紋はない。
【生息環境】平地から低山地の水質の良好な池。川の水をせき止めたような貧栄養型の池に多産することもある。幼虫は抽水植物の根際や沈積した落ち葉の陰に潜んでいる。
【成虫出現期】6月下旬～12月中旬。10、11月に多い。越冬種を除き最も遅くまで見られるトンボで、兵庫県多可町では2000年1月22日に2♂、2007年1月8日に交尾、産卵を観察している。
【生態】卵期107～152日。幼虫期約120日。1年1世代型。羽化は夜間から早朝にかけて行われ、未熟個体は水域を離れて生活すると思われる。成熟♂は水際の植物などに静止したり、時おり飛び回ったりして縄張りをもつ。最初のうちはホバリングすることも多い。交尾は池の周囲で見られる。産卵は普通連結態で行い、岸辺が傾斜した池では、一旦打水して産卵弁に水を蓄えた後、水際の土などに腹端を打ち付けることが多い。水位が低下し、水面が岸から後退した池では、前記のパターンに加え、池面での連続打水産卵や水際での連続打泥産卵もよく見られる。単独での産卵も行う。冬期は輻射熱を得るためか、白っぽいところを選び、腹ばい状態で静止することが多くなる。
【分布】国内では北海道・本州・四国・九州に分布する。近畿地方では、兵庫県にはまだ生息している池も多いが、他の府県では極めて限られてきている。

♂兵庫県産（×1.0）

♀兵庫県産（×1.0）

交尾：この後、体色は濃くなってくる。
兵庫県篠山市 95.10.21

産卵：これは打水と打泥の複合型産卵。単純な連続打泥、打水産卵も行う。兵庫県西脇市 07.11.25

♂静止：晩秋から冬は輻射熱の得られる白っぽいところに好んで静止する。兵庫県西脇市 04.12.21

トンボ科 Libellulidae

オオキトンボ　CR+EN

Sympetrum uniforme (Selys)

兵庫	大阪	京都	滋賀	奈良	和歌山	三重
B	CR+EN	CR+EN	○	CR+EN	VU	CR

【成虫形態】体長約45～52mm。キトンボに似て体はほぼ無斑だが、翅全体が薄い橙黄色でやや大型である。ショウジョウトンボの未熟個体にも似ている。成熟が進むと体色はやや褐色味が強くなる。

【生息環境】平地から丘陵地の開放的で岸辺に露出面があり、周囲に草原的な環境を伴う池沼。秋季に水を落とす、よく管理された池に多い。幼虫は抽水植物の根際や沈積した植物質の陰、池底に潜んでいる。

【成虫出現期】7月上旬～11月下旬。10月から11月上旬に多い。

【生態】卵期128～175日。幼虫期約110日。1年1世代型。未熟個体は羽化後のしばらくは付近の草原などで見られるが、8月頃は目に付かない。成熟♂の縄張りは最初のうちはホバリングを交えて飛翔する時間が多いが、次第に静止する頻度が多くなる。交尾は池の周囲の草原で見られる。産卵は連結での連続打水か連続打泥型で、離れた後は一時的な警護を伴う単独産卵に移る。池の水量が多い時は打水、晩秋に水位が低下すると水際での打泥産卵が多く見られるところもある。最初から単独で産卵することもある。付近に生息地のないところでも散発的な記録があり、かなり移動することもあるようである。

【分布】国内では本州・四国・九州北部に分布するが、産地は限られる。近畿地方では兵庫県を除き、絶滅した可能性が高いが、飛来と思われる例は最近でも報告されている。兵庫県の溜池にはまだ生息地が残っているが、秋季に池干しが行われず、水位が低下しなくなった池では姿を消したところも多い。

♂兵庫県産（×1.0）

♀兵庫県産（×1.0）

産卵：晩秋は水際での打泥産卵がよく見られる。兵庫県加西市 07.10.29

交尾：成熟度や日照によっては茶褐色にも見える形容しがたい体色をしている。兵庫県加西市 96.10.20

コシアキトンボ

Pseudothemis zonata (Burmeister)

兵庫	大阪	京都	滋賀	奈良	和歌山	三重
○	○	○	○	○	○	○

【成虫形態】 体長約41〜50mm。体色は、黒を基調とするが、腹部第3〜4節に黄白色の斑紋があり、和名の由来（腰明）にもなっている。大阪では電気トンボやローソクトンボと呼ばれていた。♂は成熟すると黄色斑は白色斑となる。

【生息環境】 平地から丘陵地の樹陰のある池沼、淀んだ河川などに生息する。全面がコンクリートで覆われた防火用水槽や都市の公園の池などにも見られる。幼虫は池沼の沈積物の陰などに潜む。

【成虫出現期】 5月下旬〜10月中旬。6月から8月に多い。夏のトンボ。

【生態】 卵期6〜12日。幼虫期約280日。1年1世代型。未熟な個体は付近の林縁や林間を高飛して摂食する。時に多数の個体を見ることがある。成熟すると♂は木陰のある水辺の岸を飛翔しながら縄張りをもち、しばしば♂同士が激しく縄張り争いをするのが見られる。交尾は水面上を飛翔しながら10秒ほどで終わる。交尾を終えた♀は水面に浮かぶ板片や植物などの浮遊物に腹端を連続的に打ち付けるようにして卵を付着させ、♂はしばらく警護する。

【分布】 国内では青森県から沖縄県にかけて分布する。近畿地方では広く分布するが、高標高の場所には見られない。

♂大阪府産（×1.0）

♀大阪府産（×1.0）

♂縄張り争い：堺市西区 98.07.21

♀産卵：水面から露出したところに卵を貼り付ける。
堺市南区 06.07.22

チョウトンボ

Rhyothemis fuliginosa Selys

兵庫	大阪	京都	滋賀	奈良	和歌山	三重
○	○	○	○	○	○	○

【成虫形態】体長約31～42mm。全身及び翅の大部分が黒褐色で、♂の翅は藍色、♀の翅は緑色または藍色の金属光沢を帯びる中型の美麗種。
【生息環境】平地や丘陵地の抽水植物や浮葉植物の豊かな池沼に生息する。幼虫は、水中の植物性沈積物の陰に潜んでいる。
【成虫出現期】5月下旬～9月下旬。6月から8月に多い。
【生態】卵期5～7日。幼虫期約280日。1年1世代型。未熟な個体は周辺の草原や林縁に見られ、時に群飛して摂食することがある。成熟♂は水域に戻り、ひらひらと飛びながら縄張りをもつが、時に水辺の抽水植物に止まることもある。交尾は短時間で、飛翔しながら行われるが、付近の草に静止して行われることもある。交尾を終えた♀は単独で水草のある水域に打水産卵を行い、しばしば♂の警護飛翔を伴う。
【分布】国内では青森県から鹿児島県にかけて分布し北海道でも目撃記録がある。近畿地方では、全域に分布する。

♂大阪府産（×1.0）

♀大阪府産（×1.0）

♂飛翔：光の当たり方で翅の色が変わる。
堺市南区 08.09.07

♀打水産卵の合間の飛翔：♂が警護することがある。
堺市南区 08.09.07

ウスバキトンボ

Pantala flavescens (Fabricius)

兵庫	大阪	京都	滋賀	奈良	和歌山	三重
○	○	○	○	○	○	○

【成虫形態】体長約44～54mm。薄い橙色をした中型のトンボ。♂♀とも非常によく似ているが、♂は成熟すると腹部の赤味がやや増す。
【生息環境】平地から山麓にかけての水田、緑地、空き地などのオープンな場所に見られる。幼虫は夏に一時的な水溜り、水田、プールや造成したばかりの池などに見られ、日中は植生のほとんどない水底を徘徊している。
【成虫出現期】4月中旬～11月中旬。7月中旬から急増し9月にかけて多数見られる。
【生態】卵期3～4日。幼虫期約40日。1年多世代型。春に少数の個体が見られるが、多くは初夏に低気圧や台風に伴って南方から若い個体が多数飛来するものと考えられる。先住の捕食者がいない、できたばかりの水域にいち早く産卵し、干上がるまでの1ヶ月ほどの間（夏季）に急速に成長して羽化する。ただし、気温のそれ程高くない春季や秋季は成長がかなり遅くなる。幼虫は水温約10℃以下では死滅するため、毎年、世代交代を繰り返しながら北上を繰り返している。未熟な個体は水田や草原の上をしばしば群飛して摂食する。成熟♂は開けた水面を旋回しながら縄張りをもつ。交尾は飛翔したまま行われ、産卵は連結または単独で、打水して行われる。
【分布】国内では離島を含め日本全土で見られる普通種だが、南西諸島を除いて冬季に幼虫は死滅してしまう。近畿地方では全域に見られる。

♂大阪府産（×1.0）

♀大阪府産（×1.0）

♂縄張り飛翔：植生の乏しい池で見られる。
兵庫県芦屋市 07.04.20 S.S

オオギンヤンマ

Anax guttatus (Burmeister)

兵庫	大阪	京都	滋賀	奈良	和歌山	三重
○	○	○	○	○	○	○

【成虫形態】 体長約 82～93mm。ギンヤンマに似るが、腹部の長さや斑紋、尾部付属器などで区別できる（→p.212）。

【生息環境】 開放的で水生植物の豊富な池沼やワンド、運河状の水路。海岸近くで見つかることが多い。

【成虫出現期】 近畿地方では5月～11月の記録があるが、10月によく観察される。

【生態】 卵期11～12日。幼虫期約60日。1年1～2世代型。本州以北での幼虫越冬は難しく、台風や前線に吹き込む気流を利用して南方から飛来すると考えられる。成熟♂は水面を広く飛び、ギンヤンマより早く直線的である。縄張りに対する固執性はあまりない。交尾は水域近くの抽水植物や木の枝に静止して行う。産卵は連結態で水面付近の植物に行うことが多く、分離してから♂が♀に追従する形で警護することも多い。最初から単独産卵する個体もある。1998年には全国的に大量の飛来が確認された。

【分布】 国内では北海道から沖縄県まで記録がある。近畿地方でも毎年のように記録があるが、九州以北では定着していないと考えられる。

♂高知県産（×1.0）

未熟♀高知県産（×1.0）

産卵：この年の秋は各地で見られたが、抽水植物のある池に限られていた。
大阪府河内長野市 98.10.11

マダラヤンマ

Aeshna mixta soneharai Asahina

兵庫	大阪	京都	滋賀	奈良	和歌山	三重
—	—	目撃	—	—	—	—

【成虫形態】 体長約64～71mm。ヤンマ科では小型で、水色の斑紋があり、♀は青色型と黄緑色型がある。
【生息環境】 フトイ、ヨシ、ガマなど丈の高い抽水植物の茂る池沼に生息する。
【成虫出現期】 長野県では7月中旬～10月下旬。9月に多い。
【生態】 卵期165～216日。幼虫期約150日。1年1世代型。卵越冬して翌年孵化、急速に成長してその年のうちに羽化する。成熟♂は抽水植物近くの開水面でホバリングを交えて縄張り飛翔を行うが、しばしば近くの植物に静止する。ヤンマ科としては珍しく、斜め懸垂または水平に近い状態で静止する。オオルリボシヤンマの多い池では活動時間、空間とも制約される傾向がある。夕方近くには植物の間を縫うようにして探雌飛翔する姿が見られる。交尾は近くの植物に静止して行い、時間は比較的短く20分程度で終わる。産卵は抽水植物の茂る間に潜り込み、水面下の茎や水面に浮いた植物に産み込む。
【分布】 国内では北海道や東北・関東の一部、福井、石川、長野県の一部に分布。近畿地方では戦前や御在所岳の疑わしい記録を除くと、1955年京都市右京区の1♂の目撃記録があるが、生息していたかどうかは不明である。

♂長野県産（×1.0）

♂捕食：普通は水平～斜め懸垂の姿勢で静止する。
長野県上田市 02.09.22

アオビタイトンボ

Brachydiplax chalybea flavovittata Ris

兵庫	大阪	京都	滋賀	奈良	和歌山	三重
撮影	—	—	—	—	—	—

【成虫形態】体長 約34〜41mm。シオヤトンボやコフキトンボに似るが、額面上部に青い金属光沢があり、翅の付け根付近は橙色をしている。♂は成熟すると翅胸前面や腹部の一部に白粉を吹くが、♀は吹かない。
【生息環境】抽水植物が繁茂する池沼や溝川、湿地。幼虫は抽水植物の根際や植物性沈積物の陰に潜んでいる。
【成虫出現期】沖縄県では4月中旬〜11月。
【生態】卵期8〜12日。幼虫期約70日。1年1〜2世代型。成熟♂は日中から植物の枝先に4本肢で静止して縄張りをもつ。♀は生殖活動が活発化する夕方以外は水域で見かけることは少ない。交尾は飛びながら、あるいは静止して行い短時間のうちに終わる。産卵はホバリングしながら青い卵塊を作り、腹端を振り下ろして水面からやや沈んだ植物の表面に付着させて行われる。
【分布】国内ではもともと沖縄県の大東諸島に分布していたが、1977年の沖縄本島の記録以降琉球列島に分布を広げ、現在は福岡県まで北上している。高知県でも2♂が記録されている。近畿地方では2001年7月に神戸市で1♂がビデオに撮影されているのみである。国外では台湾、中国中南部、ベトナムなどに分布する。

♂鹿児島県産（×1.0）

♂鹿児島県産

♂縄張り：年々北上する傾向がある。
沖縄県石垣市 03.05.11

タイリクアキアカネ

Sympetrum depressiusculum (Selys)

兵庫	大阪	京都	滋賀	奈良	和歌山	三重
○	○	○	○	—	—	○

【成虫形態】 体長約31〜42mm。アキアカネに似るが、典型的な個体の大きさや体型はヒメアカネに近い。頭部額基条(→P.206)は途中でえぐれる個体と、えぐれない個体がある。また、額面は黄白色でアキアカネより白っぽい。成熟した♂は赤化するが、アキアカネよりは赤味がやや強い。♀にも赤化する個体がある。アキアカネとの中間的な形態の個体もあり、判別が困難なものも少なくない。

【生息環境】 海岸付近の池沼、草原、湿地、水田で、成虫が観察されている。幼虫は見つかっていない。

【成虫出現期】 9月下旬から11月下旬に記録されている。

【生態】 卵期72〜180日。幼虫期47〜92日。1年1世代型。大陸からの飛来種と考えられ、年によって見られる数が大きく変化する。近畿地方では秋期に日本海側の海岸沿いで見られることが多いが、近年は太平洋側各地でも記録が増えている。湿地や休耕田の草の上、枯れた植物の枝先などに静止していることが多いが、風に乗って一気に上空に飛び去ることもある。また、♂は湿地上を探雌するように低く飛び回ったりする。

【分布】 国内では日本海側の各地で記録が多い。国外では朝鮮半島、中国、ロシアからヨーロッパに分布。朝鮮半島産の個体は、従来本種と考えられてきたが、DNA分析ではアキアカネに含まれることが示唆されている。

♂富山県産（×1.0）

♂富山県産

♀京都府産

♂静止：アキアカネに比べ胸部が小さいものが多い。
兵庫県加西市 05.10.16

♀静止：♀の体色はかなり変異がある。
京都府京丹後市 02.10.12

スナアカネ

Sympetrum fonscolombii (Selys)

兵庫	大阪	京都	滋賀	奈良	和歌山	三重
○	○	○	―	○	○	○

【成虫形態】体長約34〜42mm。肢の外側が黄白色をしているのが特徴。成熟個体の複眼下側は青灰色で♂の複眼上側と額面は赤い。翅の付け根付近は橙黄色で♂の翅脈は赤味を帯びる。

【生息環境】海岸近くの開放的な池沼。内陸部でもハネビロトンボがよく飛来する池での記録がある。

【成虫出現期】近畿地方では10月から11月にかけて10例ほどの記録がある。国内では鹿児島県や石垣島で羽化が確認されているが、一時的なものと思われる。

【生態】卵期9〜10日。幼虫期76〜141日。1年1〜2世代型。成熟♂は午前中はホバリングを交えて飛び回ったり、水域の植物に静止して縄張りをもつが、かなり敏捷である。午後になると緩慢になり、草原の低い位置に静止していたりする。連結打水産卵が観察されている。

【分布】国内では本州・四国・九州・沖縄諸島にかけて記録される府県が増えてきている。鹿児島県では毎年のように見られるという。国外では中国、インド、アフガニスタン、中東、ヨーロッパにかけて分布。

♂富山県産（×1.0）

♂富山県産

♀静岡県産

♂静止：海岸近くの冠水した休耕田で見られた。
三重県南伊勢町 90.11.12

♀静止：和名にふさわしい光景。
静岡県磐田市 04.10.22

オナガアカネ

Sympetrum cordulegaster (Selys)

兵庫	大阪	京都	滋賀	奈良	和歌山	三重
○	○	○	○	—	—	○

【成虫形態】体長約29〜41mm。小型のアカネ属でマイコアカネに似るが、額面は白く翅胸前面に黒条はない。♂の腹部第7節下縁部にはささくれのような突起がある。♀の産卵弁は長細く、尾端を越える。稀に赤化型♀が見られる。

【生息環境】主に海岸沿いの抽水植物の繁茂する池沼、湿地。

【成虫出現期】9月〜11月。10月によく記録されている。

【生態】卵期30〜126日。幼虫期約80日。1年1世代型。日本海側では北西の強い季節風の後によく見つかっている。成熟♂はヨシなどに囲まれた空間に明瞭な縄張りをもち、時おりホバリングを交えて飛び回る。♀は♂に比べ観察例がはるかに少ないが、交尾の後に単独で連続挿泥産卵するのが観察されている。また、連結産卵や打水産卵の記録もある。

【分布】国内では近畿地方を含め、日本海側でほぼ毎年のように記録されているが、太平洋側では数例報告されているだけである。国外では朝鮮半島、中国東北部、ロシアに分布する。

♂京都府産（×1.0）

♂京都府産

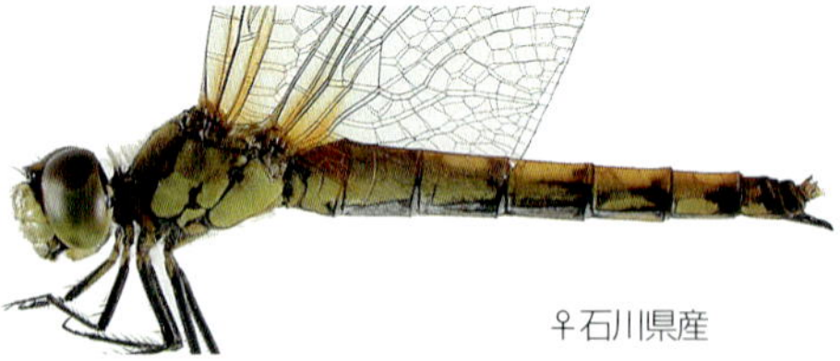

♀石川県産

♂縄張り：一見マイコアカネに似る。
京都府京丹後市 02.10.12

♀静止：飛来数は♂に比べ非常に少ない。
京都府京丹後市 93.10.23

ハネビロトンボ

Tramea virginia (Rambur)

兵庫	大阪	京都	滋賀	奈良	和歌山	三重
○	○	○	○	○	○	○

【成虫形態】体長約51～58mm。後翅の幅が広く、基部に広い濃褐色斑をもつやや大きいトンボ。♂は成熟すると腹部や翅脈が赤化する。

【生息環境】開放的で透明度が高く、沈水植物を見通せるような池沼を好む。幼虫は水中の植物や藻につかまったり、沈積物の間にうずくまったりしている。

【成虫出現期】近畿地方では6月上旬～11月上旬。9月から10月に記録が多い。

【生態】卵期5～9日。幼虫期最短88日。沖縄県では1年多世代型。本州以北では、自然状態での幼虫の越冬は確認されていない。成虫は飛翔力が強く移動性に富む一方、好みの水域には結構何日も居つく。成熟♂は水域を広範囲に占有して悠々と飛び回り、他種のトンボにはあまり干渉しない。木の枝先などに休止する際、腹部を下げる傾向がある。交尾は飛翔しながら行うことが多いが、水辺から少し離れた木の枝先に静止して行うこともある。産卵は多くの場合、♂が水面上で連結を解くと♀が単独で打水し、飛び上がった♀にまた連結するということが繰り返して行われるが、♀だけの単独産卵の場合もある。

【分布】国内で定着していると考えられるのは、九州、高知県以南の地域。本州・北海道の記録は南方からの飛来個体及びそれらによる一時的な繁殖の結果と思われる。近畿地方では成虫はほとんど毎年のように記録されている。2000年7月30日、兵庫県三田市で本属幼虫を得ている（山本未発表）。

♂大阪府産（×1.0）

♀大阪府産（×1.0）

♂静止：見晴らしのいい枝先に好んで止まる。
大阪府泉南市 08.09.07 N.N

コモンヒメハネビロトンボ

Tramea transmarina euryale Selys

兵庫	大阪	京都	滋賀	奈良	和歌山	三重
—	—	—	○	—	—	○

【成虫形態】 体長約52～55mm。ハネビロトンボに似るが、やや小型。後翅付け根の褐色斑は小さい。
【生息環境】 開放的な平地の池沼。幼虫は藻につかまったり、沈積物の陰や砂泥の上にうずくまっている。
【成虫出現期】 沖縄諸島では4月上旬～1月上旬の記録がある。本州では秋季の記録が多く、台風などの気流に乗って飛来していると考えられる。
【生態】 卵期約11日。幼虫期最短64日。沖縄県では1年多世代型。生態はハネビロトンボとそれほど変わらない。♂は水面上を活発に飛び回りながら縄張りをもつ。交尾は植物などに静止して行われ、産卵は連結態で飛来し、連結を解いて♀が打水、すぐに再連結というセットが繰り返して行われる。単独産卵はホバリングを交えた間歇打水型。
【分布】 国内では小笠原諸島に定着しており、沖縄本島や久米島の一部でも安定して見られる池がある。他に本州から奄美大島にかけて記録がある。近畿地方では滋賀県と三重県で1♂が採集されているだけで、三重県の記録は台風通過後に海岸近くの冠水した休耕田の上を飛翔していたものである。

♂沖縄県産（×1.0）

♂縄張り飛翔：本州での飛来例は非常に少ない。
高知県四万十市 07.07.24 杉村光俊

アメイロトンボ

Tholymis tillarga (Fabricius)

兵庫	大阪	京都	滋賀	奈良	和歌山	三重
○	○	○	—	○	○	○

【成虫形態】体長約42～50mm。後翅に褐色斑がある。成熟♂にはその外側に乳白色の斑紋があり、夕方の飛翔中にもよく目立つ。未熟個体は♂♀とも薄茶色。

【生息環境】平地の開放水面のある池沼や流水の淀み。調整池のようなところでも見られる。

【成虫出現期】近畿地方では7～10月の記録があるが、南西諸島では通年見られる。

【生態】卵期7～9日。幼虫期57～74日。沖縄県では1年多世代型。日中に池の岸辺の抽水植物に静止していることがあるが、早朝やたそがれ時のやや明るい時間帯に活発に活動する。成熟♂は水面の岸辺近くを、ホバリングと瞬間移動のような飛翔を交えて縄張りをもつ。交尾は飛びながら短時間で終わり、♀はすばやく飛びながら、反転を交えてほぼ同方向に腹端を振り下ろし、水草や浮遊物の水面からわずかに下の部分に卵を付着させる。

【分布】国内では琉球列島に分布する。富山県以西鹿児島県までの記録は迷入あるいは迷入個体からの一時的な発生と考えられる。近畿地方では単発的な記録の他、1998年10月に奈良県、和歌山県、三重県の特定の池で多数確認されたが、この年は紀伊半島を台風が続けて通過し、オオギンヤンマの大量飛来が観察されている。

♂沖縄県産（×1.0）

♀沖縄県産（×1.0）

♂静止：池の周囲に止まっていることがある。
高知県四万十市 06.11.01杉村光俊

未熟♀静止：♂と違って翅に乳白色部分はない。
沖縄県石垣市 98.06.08

トンボの生活

トンボの仲間分け

大きく3つのグループに分けられる。成虫では次のような特徴がある。

均翅亜目　カワトンボ科、アオイトトンボ科、モノサシトンボ科、イトトンボ科。前後の翅の形はほぼ同じで、四角室がある。複眼は大きく離れている。

ムカシトンボ亜目　ムカシトンボのみ。前後の翅の形はほぼ同じで四角室があるが、複眼は少し離れる程度。腹部は不均翅亜目に似てずんぐりしている。

不均翅亜目　ムカシヤンマ科、ヤンマ科、サナエトンボ科、オニヤンマ科、エゾトンボ科、トンボ科。前翅と後翅の形が異なり、翅に3角室がある。翅を開いて静止する。

トンボの一生

トンボは肉食で、幼虫はミジンコなどの甲殻類や水生昆虫、オタマジャクシなどの両生類の幼生や魚類、時には貝類を餌にし、成虫は同種を含めた飛翔する昆虫を餌とする。種によっては、網を張ったクモや植物に静止している昆虫をさらって食べることもある。

トンボの一生は『卵→幼虫→成虫』と生活のスタイルが大きく変化するが、チョウなどと異なり蛹の期間がない不完全変態の昆虫である。羽化して成虫となっても、ある期間、餌を十分に食べ、成熟してから生殖活動を始める。

縄張り

♂は成熟すると縄張りをもつものが多い。大別すると、飛び回ってパトロールする飛翔タイプと石や枝先に静止して占有域を見張るタイプがある。その他オオヤマトンボのように複数の♂が同じエリアを時間をずらしてパトロールする種もある。他の♂が進入すると縄張りから追い出そうとするが、この排他性は差があり、縄張りをもっているかどうかはっきりしない種も少なくない。縄張りに♀が侵入すると、♂はこれを捕らえて次に述べるように交尾する。

連結・交尾

♂は尾部付属器で♀を挟んで連結態となる。均翅亜目では♀の前胸を、ムカシトンボや不均翅亜目では頭部を挟む。次に♂は腹部第9節から副性器に精子を移す（移精）が、不均翅亜目では事前にすませていることもある。その後、♂♀はリング状になって交尾する。

産卵の警護

交尾をといた後、すぐに産卵する種の中には♂が♀を警護する種がある。他の♂の干渉を避けるという点では連結産卵も警護のバリエーションと考えることができる。

1979年にWaageはアオハダトンボの仲間の1種において、交尾の際に♀の貯精のうに蓄えられた前の♂の精子がかき出されていることを突き止めた論文を発表した。この論文によれば、産卵の直前に交尾した♂の精子が子孫に受け継がれる確率が高いという。したがって警護や連結産卵は、より確実に自分の子孫を残す方法と考えることができる。

産卵の方法

トンボは種によりいろいろな産卵方式がある。1つの分け方として、まず産卵管や産卵弁が水や植物に接するかどうかで大きく接触型と非接触型に分けられる。また、ペアで産卵するかどうかで連結産卵、単独産卵、さらに産卵間隔によって連続産卵、間歇産卵といった呼び方が付け加えられることがある。水中に入り植物などに産卵する場合は潜水産卵といわれる。

接触型の産卵

均翅亜目と不均翅亜目の産卵管をもつ種は生きている植物、枯れている植物、朽木などに産卵する。ムカシトンボにも大きな産卵管があり、植物の茎などに産卵する。これらは**植物組織内産卵**である。

ムカシヤンマやヤンマ科の一部の種では泥やコケの中などに産卵する。これを**接泥静止産卵**という。その他、ヒメサナエの一部で見られる**接水静止産卵**、オニヤンマで見られる**挿泥飛翔産卵**、トンボ科などでよく見られる飛翔しながら水面をたたくように産卵する**打水産卵**（→

p.179等)、泥の上をたたくように産卵する**打泥産卵**(→p.161等)がある。打水産卵のうち、水をかき上げるようにして水滴ごと卵を飛ばすようなタイプは**飛水産卵**と呼ぶこともある。その他に水に浮かぶ植物に卵を貼り付けるようにして産卵するコフキトンボなどの産卵方法は**付着産卵**と呼ぶことがある。

非接触型の産卵

水には触れずに空中から卵を水面や湿地に落とす空中産卵がこの型の代表である。サナエトンボ科の一部のようにホバリングしながら卵を落下させるものは**停止飛翔産卵**(→p.101等)、空中で打水産卵のような動きをする産卵は**打空産卵**(→p.181等)という。この打空産卵をするトンボの多くは水のないところに卵を落下させるが、産卵後半に木の枝などに止まったまま、卵を次々と出すことがある。このような産卵は**遊離性静止産卵**といわれるが、本書ではヒラサナエを除いて解説していない。

ヒメサナエの接水静止産卵

卵

卵の大きさは成虫の大きさとはあまり関係はない。カトリヤンマの卵の体積は最も大きく、ウチワヤンマの卵の体積の5倍ある。しかし卵の形や色は科や属で比較的似ている。また、卵の形は生活様式に関係しており、植物組織内に産卵される卵は細長い形をしている。打空産卵をするトンボの卵は球形に近く、卵を取り巻くゼリー状の物質も少ないのが特徴である。

また、ウチワヤンマやタイワンウチワヤンマの卵は細い糸状物質で植物などに絡み付き、トラフトンボではゼリー状の物質に入っている。

卵　拡大率は同じなので大きさを比較できる

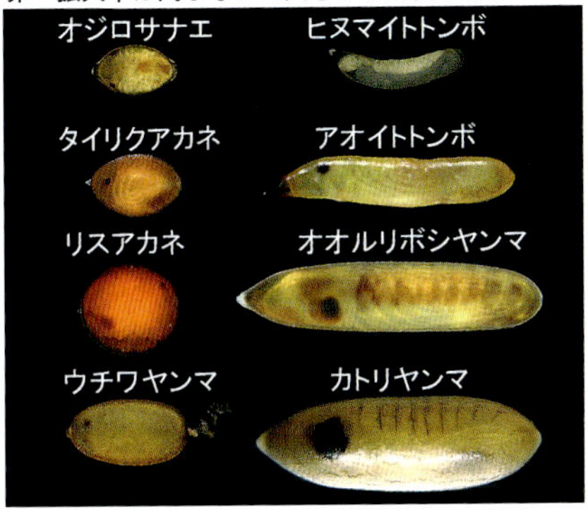

茎に産み込まれたホソミオツネントンボの卵

ヨシの茎に産み込まれたアオヤンマの卵

トンボの産卵数はとても多く、1頭の♀は数千も産卵するが、産卵したその時から、天敵に遭遇し、徐々に数が減っていく。川に卵塊を産み落とすサナエトンボ科などの卵は、落下する卵を下で待ち受ける魚によって、まず数が減る。

次に、産卵してから孵化するまでに、多くのトンボの卵は卵寄生蜂という小さな蜂が寄生することにより、数が減る。この小さな蜂はトンボの卵に産卵し、それから孵化した蜂の幼虫がトンボの卵の中で育ち、ある種の卵寄生蜂はトンボの卵から出て蛹となり、またある種の卵寄生蜂はトンボの卵の中で蛹となり、成虫になってから、トンボの卵から出てくる。

コフキトンボの卵に寄生していたタマゴヤドリコバチ科の蜂の体長は約0.5mm、また、ムカシトンボの卵に寄生していたホソバネヤドリコバチ科の蜂は1mm弱、アオイトトンボの卵に寄生していたヒメコバチ科の蜂は1.2mm程度であった。オオルリボシヤンマの卵に寄生していたタマゴクロバチ科の蜂は1.6mm程度の大きさであった。

クロイトトンボ、コフキトンボの卵寄生蜂

アオイトトンボの卵寄生蜂（卵から出てきて蛹化）

オオルリボシヤンマの卵寄生蜂

アオモンイトトンボの卵で調べたところ、1枚のスイレンの葉に産卵されていた2200の卵のうち、約1300卵が卵寄生蜂に寄生されていた。卵寄生蜂以外にも多くの昆虫や魚などがトンボの卵をねらっている。このような危険をくぐり抜けて発生の進んだ卵はいよいよ孵化する。

卵期（産卵から孵化までの日数）はトンボの生活のスタイルによって、数日から半年以上と種によりまちまちである。

卵期が一番短いウスバキトンボは約4日であり、卵期が10日前後のトンボが比較的多い。また、冬を卵で過ごすトンボでは卵期が半年以上になるものもかなりある。

孵化

卵が完成して、気温など孵化する条件が整うと、卵からエビのような前幼虫が出てくる。卵から前幼虫が出るのに要する時間は種により異なり、短いもので数十秒、長いものでは数十分に及ぶ。数分程度を要する種が多い。初めから卵が水中にある種では、この前幼虫の期間は数分以内で終わり、すぐに幼虫になる。

オオアオイトトンボのような空中の枝に産卵された卵、茎に産卵されたホソミオツネントンボやムカシトンボの卵、水域からやや離れた位置に産卵されたヤブヤンマの卵の場合などは、この前幼虫がジャンプを繰り返し水中に入る。水中に入るとまもなく幼虫になる。初めから水中にある卵でもトラフトンボでは卵紐の中にある間は前幼虫のままで、卵紐から出るとすぐに幼虫になる。また、卵の周囲に多くのゼリー状物質がある種の卵の場合も、卵を取り巻くゼリー状の物質から出るまでは前幼虫のままだが、そこから出るとすぐに幼虫になる。

孵化して幼虫になると、今度は水中にいる他の昆虫や魚、また、同じトンボのヤゴなどに食べられ終齢幼虫になるまでにごく少数になる。琵琶湖のオオサカサナエやメガネサナエは羽化場所にたどり着くまでに水面近くを泳いでくるため、ブラックバスなどの格好の餌食となっていると思われる。

幼虫は捕まえられると体を硬直させて、じっと動かないことがある。このような擬死のポーズをとるトンボの幼虫はモノサシトンボ科、サナエトンボ科、ヤンマ科の一部で見られる。これも、動くものを餌とする多くの他の生物から逃れるための有効な手段である。写真のヒメサナエのような擬死のポーズはオジロサナエやアオサナエでも見られる。

羽化

幼虫は脱皮を繰り返し大きくなる。脱皮回数は十数回行う種が多いが、餌が少ないと増えることがある。終齢幼虫の期間はさまざまで、翅芽がふくらみ、一定期間を経ていよいよ羽化する。羽化のタイプは途中の休止時の姿勢によって直立型と倒垂型に分けられる。直立型は均翅亜目全部とムカシヤンマ科、サナエトンボ科で、その他の科のトンボは倒垂型である。羽化に要する時間は直立型のほうが短時間である。

直立型　アサヒナカワトンボ　　倒垂型　サラサヤンマ

羽化殻が仰向けであっても、休止姿勢の時にトンボの頭が羽化殻と同じ向きを向いていれば直立型である。ただしカワトンボの仲間は羽の伸び方に関しては均一に伸びる倒垂型と同じである。

メガネサナエ属では日中の羽化時に乾燥を防ぐためか、頭部のあたりに水をかける行動がよく見られる。

オオサカカサナエの水かけ行動

羽化時はアリやクモ、野鳥やトカゲの餌食になることが多い。琵琶湖ではプレジャーボートの起こす波によって羽化中の多数のトンボが犠牲になり、問題になっている。

無事羽化すると、まず、最初の飛翔でその場所から離れる。オジロサナエは近くの樹木に向かって飛び立ち、途中、草地で休んでも、最後には樹木の比較的高い位置まで到達し、そこで休憩する。数多く羽化する場所では下から見るといくつもの翅が、きらきら光っているのが見える。この羽化直後の移動時も、他のトンボやセキレイなどの野鳥に襲われるのをよく見る。

前生殖期以降の成虫

多くのトンボは羽化後しばらく水域を離れる。種や地域により前生殖期の長さは変わるが、水域に戻り繁殖行動を行うまで、近くの林で過ごすもの、アキアカネのように繁殖行動を行う水域からかなり遠方まで移動するものがある。多くのトンボは前生殖期には地味な体色で目立たない隠れやすい場所で過ごし、また、活動時間、飛翔の方法などで他からの捕食をある程度回避しているが、それでも、成虫はカマキリやアブなどの昆虫やクモに捕食され、また食虫植物に捕まることもある。前生殖期より活発に行動する期間、特に産卵中に野鳥、カエルや魚などに捕食されることが多い。また、中にはヤンマタケ（冬虫夏草）の寄生を受けることもあり、産卵時に多かった個体数は徐々に減り、季節が進むとごく少数になる。この『卵→幼虫→成虫』のサイクルを1年間に数回繰り返す種から数年かけて1回行う種までさまざまである。

トンボ成虫各部の名称

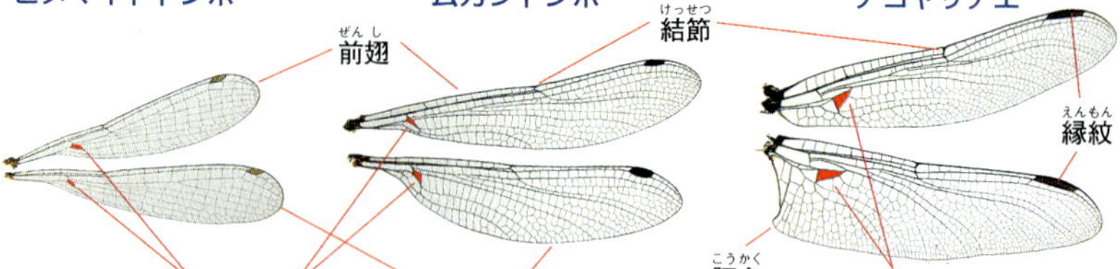

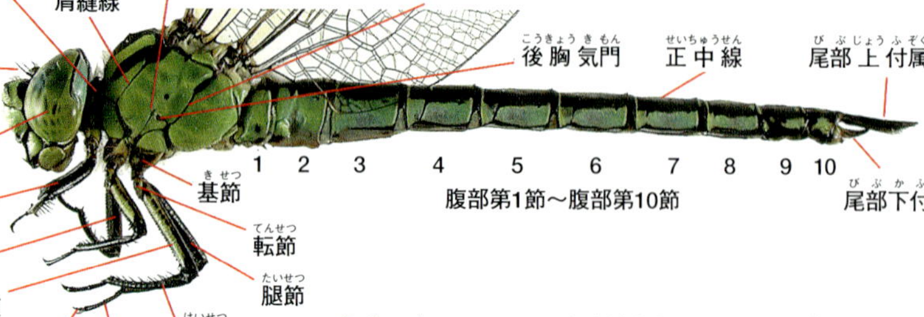

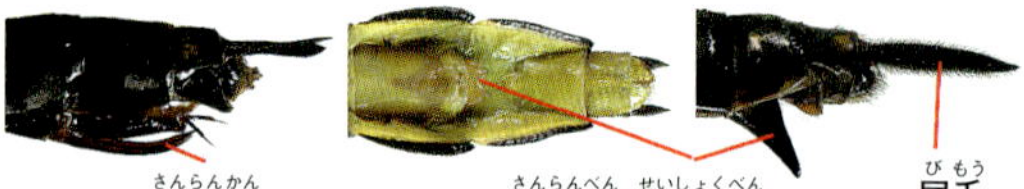

♂には副性器（副生殖器）と尾部付属器、♀には産卵管か産卵弁（生殖弁）のどちらかと尾毛が備わっている。

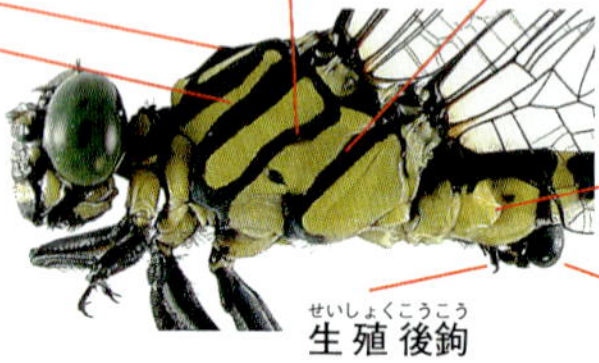

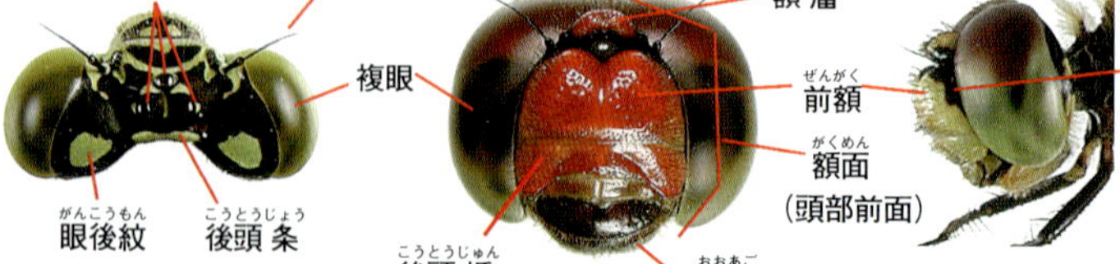

成虫の見分け方

カワトンボ属の見分け方

次に挙げた区別点はアサヒナカワトンボとニホンカワトンボの、特に無色翅をもつタイプの区別に参考になるが、傾向が強いというだけで、いずれにも例外がある。種別解説ページの生息環境や分布域も考慮して同定するようにしてほしい。紛らわしいものは標本にして専門家に見ていただきたい（注：他の地方では♀の後胸後腹板の区別点は使えないことがある）。

アサヒナカワトンボ　無色翅の♂と♀の組み合わせで生息していることが最も多いが、地域によって橙色翅の♂が加わる。このタイプは橙色翅に不透明部分がないものが大半である。一部地域では不透明部分が出るものがあるが、ニホンカワトンボに比べて出る範囲は狭い。判断に迷う個体では次の区別点を参考にして同定する。翅脈はニホンカワトンボと比べるとやや粗い。縁紋は短く位置は先端に寄る。翅胸がやや小さく、翅胸高は頭幅より小さい。後胸後腹板の前半（胸部腹側の後肢の後ろあたり）は♂♀とも黒色である。ただし♀には稀に黄色のものがある。

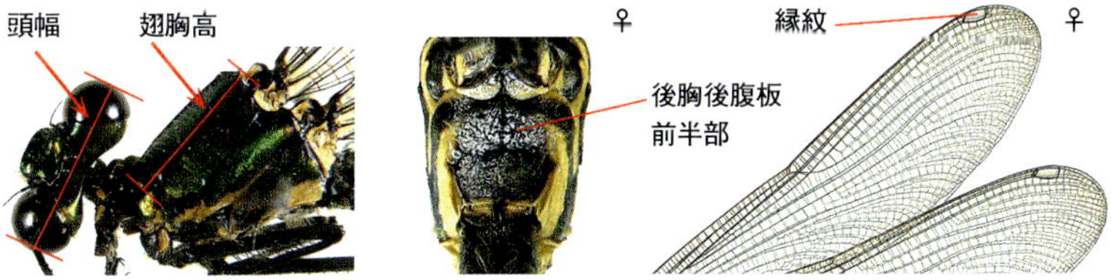

ニホンカワトンボ　橙色翅に広い不透明部分のある♂と淡橙色翅の♀が最も基本的な型で、これについては翅だけでも分かる（→p.18）。紛らわしいのは無色翅の♀で、場所によってかなり高い確率で見られる。見た目は前種に比べ、胸部ががっしりした感じなので慣れれば見当がつけられる。翅脈は密で縁紋はアサヒナカワトンボより長く位置は基部寄り。翅胸が大きく、翅胸高が頭幅より大きい。後胸後腹板の前半が♀では黄白色である。白粉で見にくい時はここにアルコールを少しつけてみるとよい。

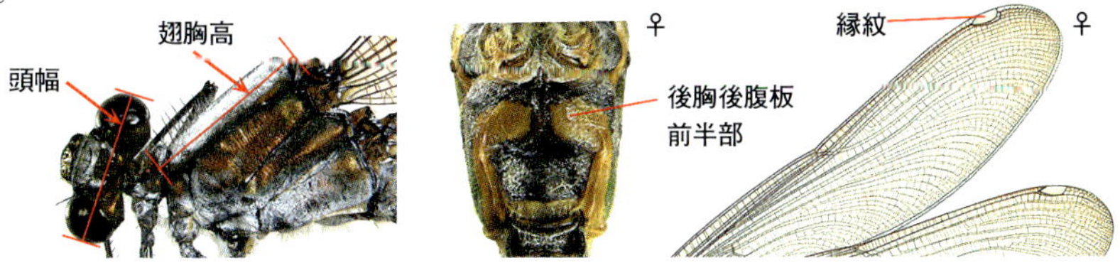

●ニホンカワトンボ♂の変異

無色翅型♂は上記の後胸後腹板以外の方法で見分けることになるが、淡橙色翅型♂とともに近畿地方では兵庫県の岡山県よりのごく一部で見られるだけ(ただし和歌山県で1例だけ記録がある)である。中間型はニホンカワトンボの分布域ならどこでも発現する可能性があるが、きわめて稀である。

アオイトトンボ科の見分け方

アオイトトンボ属の3種は、翅を半開きにして静止するのが特徴である。

アオイトトンボ 胸部の金属光沢部は側面上端で後方に張り出すが、第2側縫線に達しないものがほとんど①。成熟♂は胸部周辺と腹端に白粉をふく。♂の尾部下付属器は長く、直線状②。♀もやや白粉をふく個体がある。

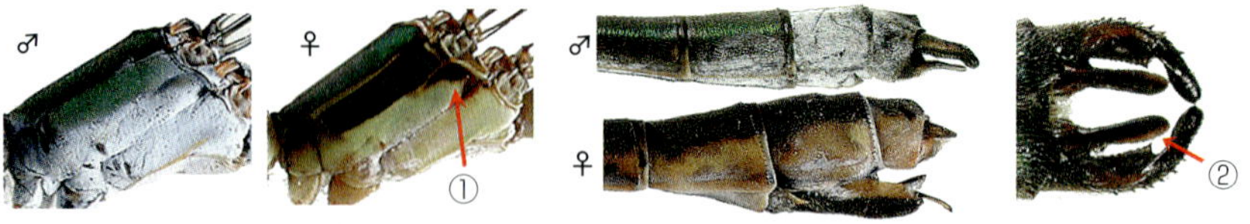

オオアオイトトンボ 胸部の金属光沢部は側面上端で後方に張り出し、明らかに第2側縫線に達する①。中胸前《ちゅうきょうぜん》側《そく》下《か》板《ばん》にも金属光沢部がある②。また、胸部腹側に1対の黒斑がある③。♂の尾部下付属器は細く背面から見ると、くの字型に曲がり白粉は腹部第10節に出る。♀は産卵管付近が特に大きく、腹部第9節は盛り上がったようになる。第10節に薄く白粉が出る個体もある。

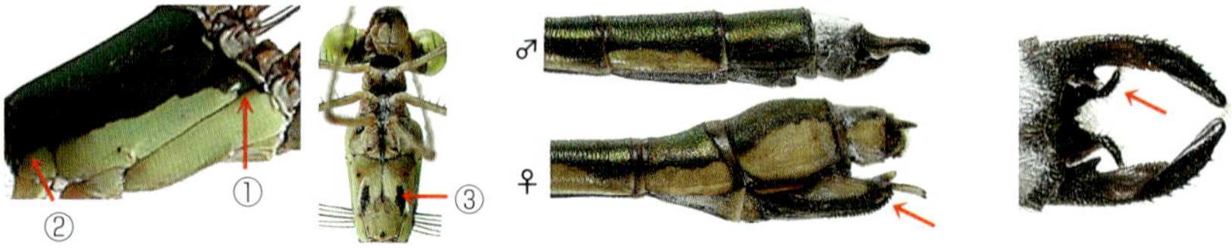

コバネアオイトトンボ 胸部の金属光沢部は側面上端で後方に張り出さずに終わる①。♂の尾部下付属器はごく短い。♀の産卵管付近はあまり大きくなく、産卵管側片に黒色部がない。白粉は♂で腹部第9、10節、♀で薄く第10節に出る。

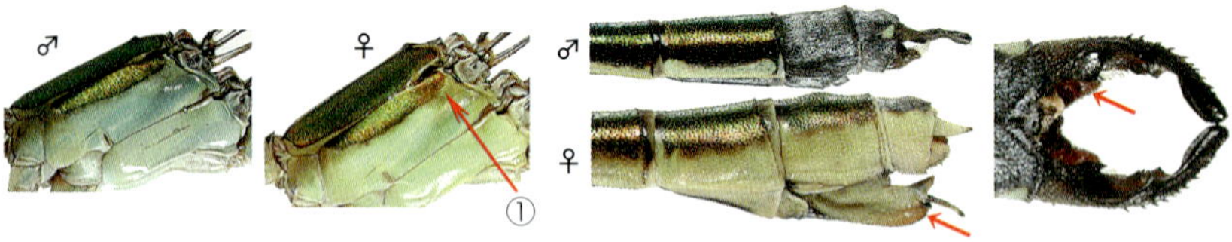

オツネントンボ 後頭部に淡色の部分がある。翅胸前面の濃褐色部に大きな張り出しがない①。前後の翅の縁紋は重ならない。♂の尾部上付属器先端に目立った屈曲がない。尾部下付属器は小さい。

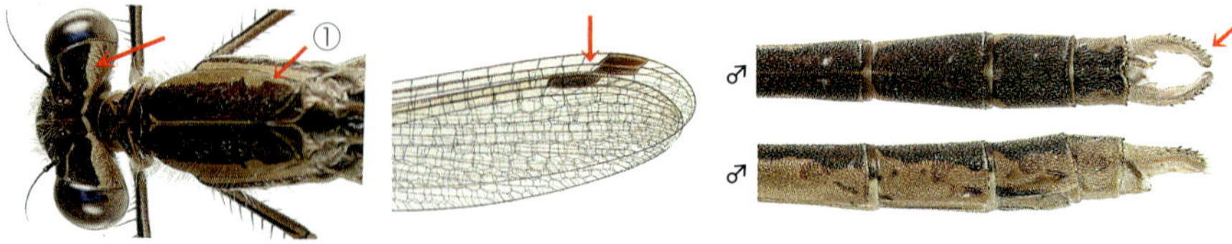

ホソミオツネントンボ 後頭部に淡色の部分がない。翅胸前面の濃褐色部が大の字型に張り出す①。前後の翅の縁紋が重なる。♂の尾部上付属器は背面、側面どちらから見ても先端が強く屈曲している。

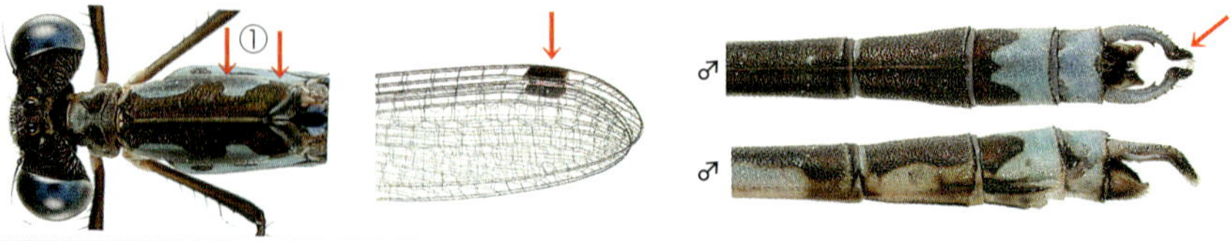

モノサシトンボ科♀の見分け方

近畿地方に生息するモノサシトンボ科は流水種のグンバイトンボと止水種のモノサシトンボの2種であるが、川の淀みなど同じ場所で見られることもあり、♀の同定には注意を要する。

グンバイトンボ、モノサシトンボ♀　①②の眼後紋の出方の違い（これが一番簡便）。③グンバイトンボにある前胸背後縁中央部の小さな突起（注：♂にはない）。④翅胸第2側縫線に沿う黒条はグンバイトンボのほうが太い。

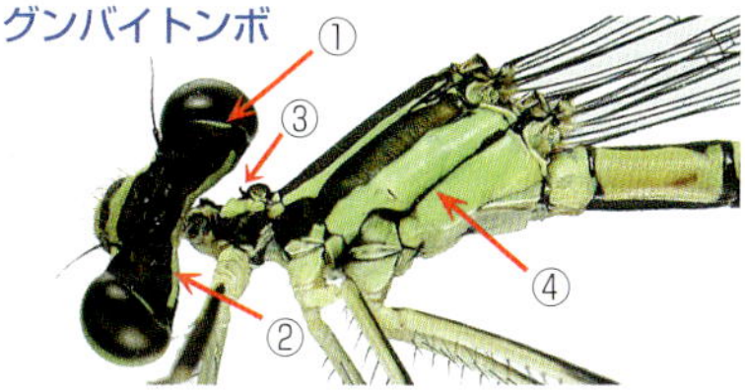

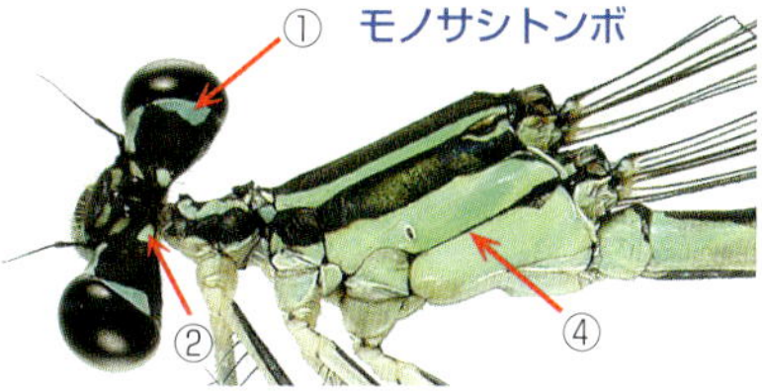

イトトンボ科の見分け方

近畿地方に生息するイトトンボ科の中ではキイトトンボのようにすぐに見分けられるものもあるが、よく似ていて見分けにくいものが多く、未熟、成熟で大きく色が変わる種があるのでいっそう紛らわしい。ポイントとして大きさ、体色や腹端の斑紋、眼後紋の形、翅胸前面などの黒条、淡色条、♂は尾部付属器の形などがある。特に尾部付属器はp.211のセスジイトトンボ、ムスジイトトンボ、オオイトトンボ、クロイトトンボではチェックしておきたい。また生息場所も見分けるポイントとなる。

ホソミイトトンボ　眼後紋と後頭条がつながったように見える①。色の変異がある（p.42参照）。

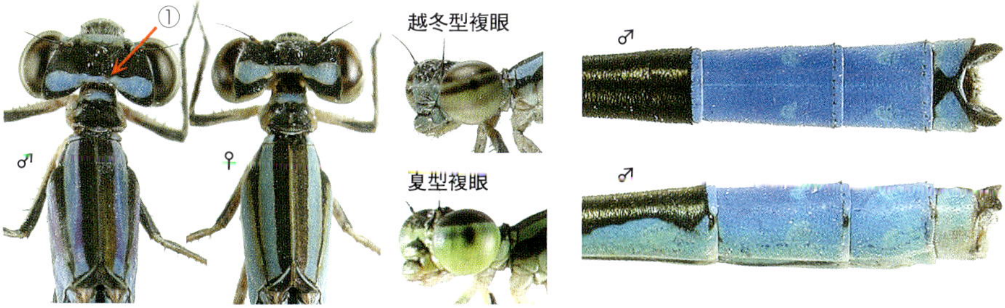

ヒヌマイトトンボ　♂は眼後部と胸部前面に4つの紋がある。♀は背隆線に黒条がない。♀は頭頂部に茶釜型の黒色斑がある。汽水域に生息するので産地は限られる。

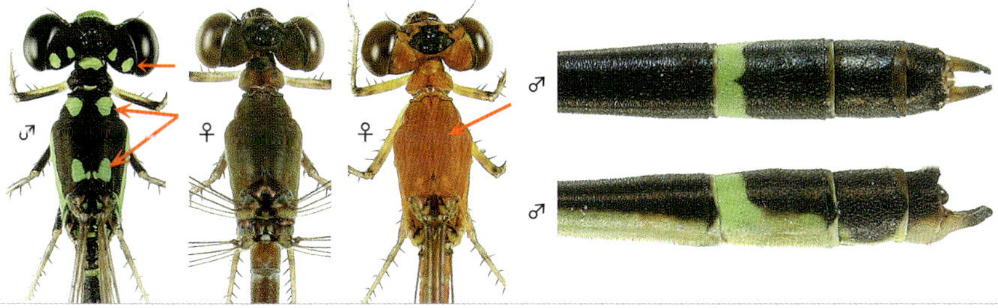

モートンイトトンボ　♂はL字型の眼後紋がある。♀の眼後紋は縦に長い、♀の背隆線に黒条がない①。

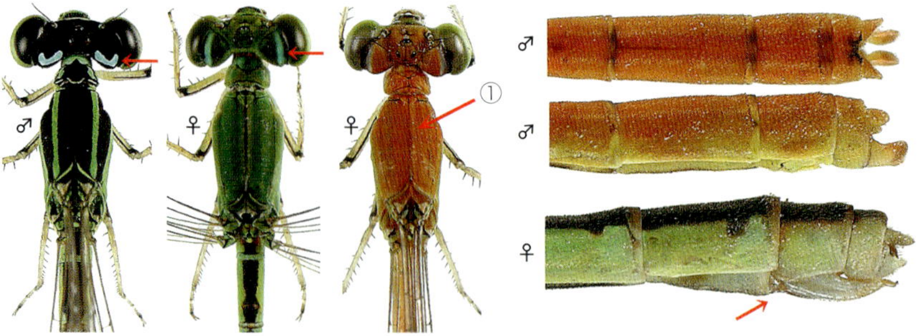

アジアイトトンボ　♂は腹部第9節全体と腹部第10節側面の大半が水色。♀の腹部背面の黒条は腹部第1節の前端まで達している①。♂の後頭部に淡色の縁取りが見られる。♀の眼後紋は大きく、その前縁はほぼ直線状をしている。成熟♀はモートンイトトンボに似るが、眼後紋が異なり、背隆線に黒条がある②他、第8節腹板に短棘がある③ことで区別できる。

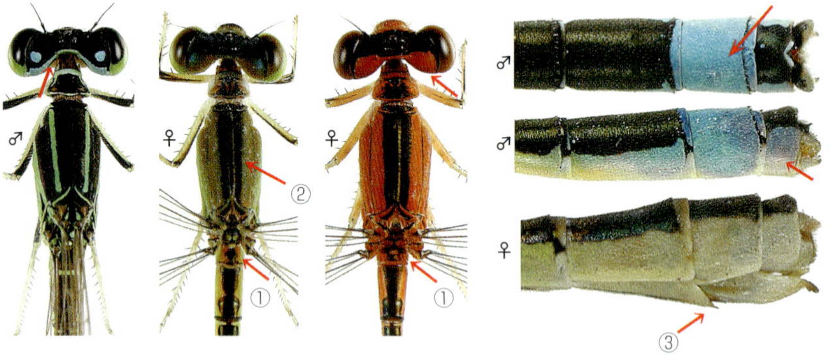

アオモンイトトンボ　♂は腹部第8節の全部と腹部第9節側面大半が水色。♀はアジアイトトンボに似ているが、腹部背面の黒条は第2節の1/3程度くらいまでで途切れていて、第1節には達しない①。♀で図示したのは老熟、未熟個体で、成熟したての個体はp.44 参照。

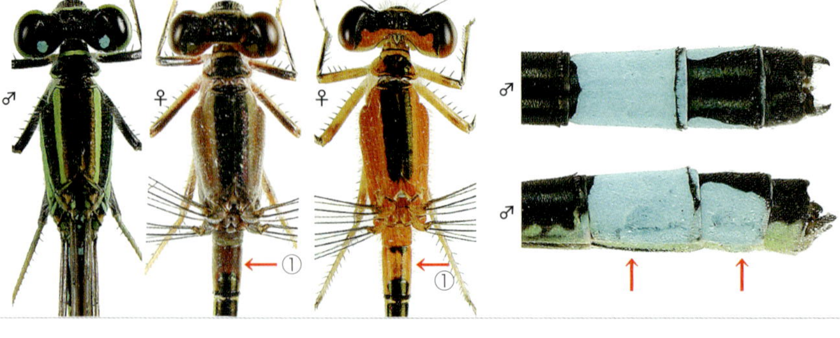

セスジイトトンボ　眼後紋①は三角型で大きい。♂の尾部上付属器はハの字型に開いていて先はとがる。♀は背隆線の黒条と胸部肩縫線の黒条に淡色条②③と後頭条④があるが、♂は②はなく、③④はない個体もある。

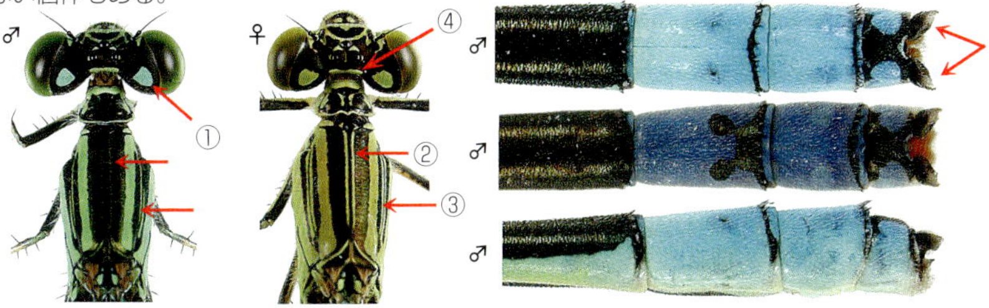

ムスジイトトンボ　♀は前胸の後縁が富士山型にえぐれている①。普通細い眼後紋があるが、ほとんど消えている個体もある。尾部上付属器は小さい。♀は背隆線の黒条と胸部肩縫線の黒条とに淡色条②③がある。♂は②③のような淡色条はないが、稀に③がわずかに現れる個体がある。♀は褐色～黄緑色まで変異がある。

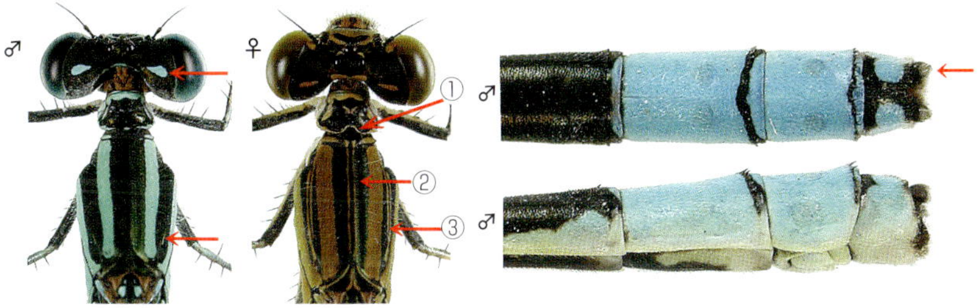

オオイトトンボ　眼後紋は大きく①、後頭条がある②。肩縫線の黒条の中に淡色の条はない③。♂の尾部下付属器は上付属器より明らかに長い④。♀は黄緑色から♂に近い色のものまである。

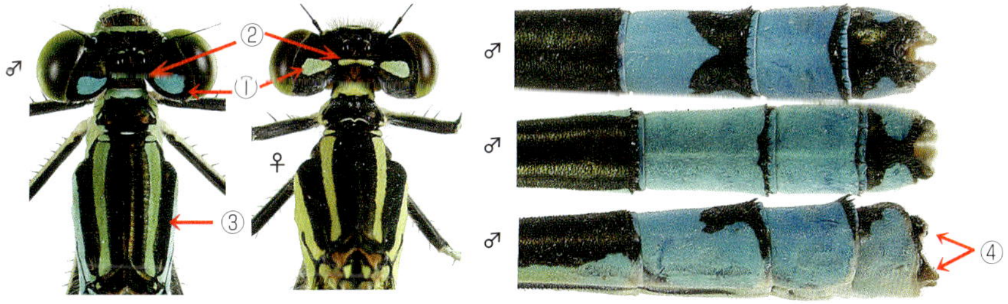

クロイトトンボ　眼後紋は小さい。♂の尾部下付属器はハの字型に開いて先はとがらない。成熟後♂は体に青白色の白粉を帯びて斑紋が分かりにくくなる。♀の地色は黄褐色の他に青色型もある。

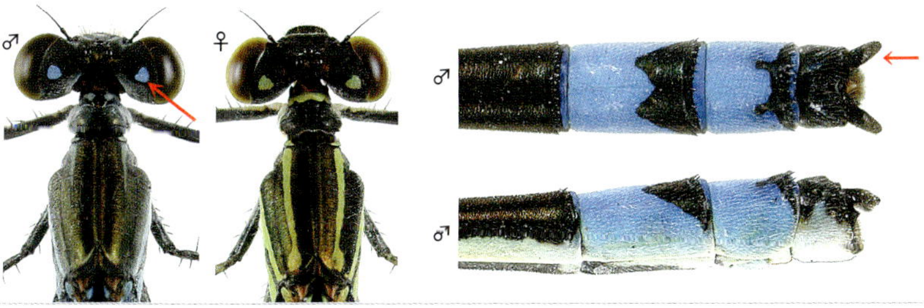

ギンヤンマ属の見分け方

ギンヤンマ　前額頂部に黒色条と水色条がある。♂の尾部上付属器は黒褐色で比較的短く、尾部下付属器は黄褐色で短い。腹部の長さも次の2種に比べ短く、斑紋も異なる（→p.80,82,193）。

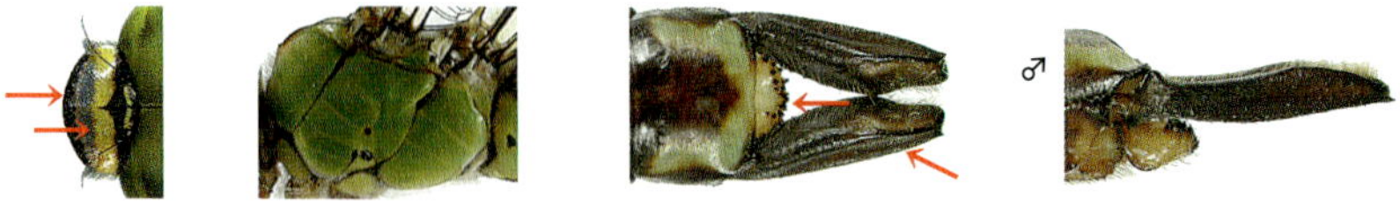

クロスジギンヤンマ　前額頂部に黒色のT字斑がある①。胸側に2本の黒条がある。♂の尾部上付属器は黒色で内縁のふくらみが大きい。肢は黒い。

オオギンヤンマ　胸側は明るい黄緑色。前額の稜は無斑。♂の尾部付属器は細長い。

ルリボシヤンマ属の見分け方

ルリボシヤンマ　中胸後側板の黄緑色の帯は上方で後方に少し伸びる①。胸部や腹部の青色斑はやや緑色を帯びる。♀の尾毛は太く、その外縁に丸みがある②。

オオルリボシヤンマ　中胸後側板の水色～黄緑色の帯は上方で折れ曲がり、後方の三角状斑①とつながる。♀の尾毛はやや細く、その外縁は直線的である②。

アジアサナエ属の見分け方

ヤマサナエ　翅胸前面の黄斑は♂の場合下方で太くなる。尾部上付属器の先端は細まって終わり①、下付属器とほとんど同じ長さである。♀の産卵弁は短い。

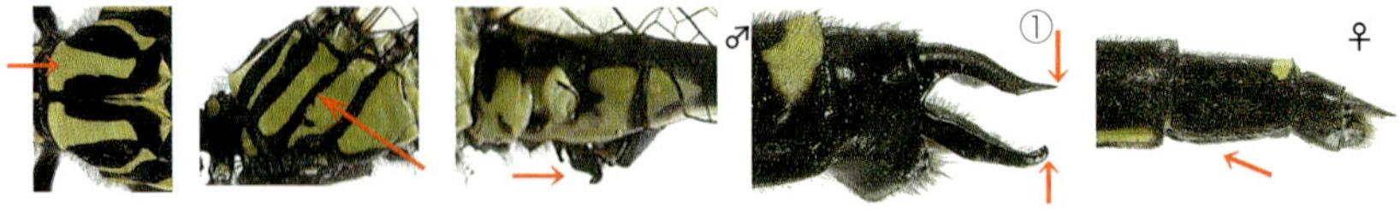

キイロサナエ　翅胸前面の黄斑は♂♀とも明瞭なL字型。♂の尾部上付属器先端は急角度で斜めに切断され①、下付属器より短い。第1側縫線の黒条はヤマサナエでははっきりしているが、本種ではつながっているものから切れているものまである。♀の産卵弁は長く斜め後方に突き出る②。

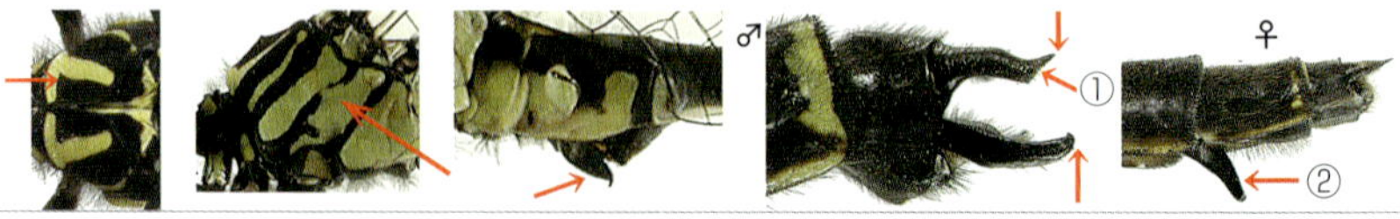

メガネサナエ属の見分け方

腹部第4〜6節の黄斑（→p.86,88,90標本）による見分けは、目視で見当をつける場合にとどめたい。

メガネサナエ　3種の中で最も大型。腹部第7節背面の黄斑が後ろに伸びているのが特徴①。腹部第3〜6節の黄斑は背面と側面で分かれるが、♀では途中で細くなってからつながるものも多い（→p.86）。♂では側面の黄斑がほとんど消えかかっている個体もある。♂の副性器の生殖後鉤はやや湾曲し、先端が鉤状に曲がる②。尾部上付属器は下側がゆるく弧状にえぐれる③が、これは斜め前やや上方から見たほうが分かりやすい。

ナゴヤサナエ　腹部第4〜6節の背面の黄斑は側面の黄斑とつながり、環状斑となっている。第7節ではつながるものが多いが、例外がある。♂の生殖後鉤はナイフ状で尾部上付属器は長細い。

オオサカサナエ　3種中最も小型。前肢腿節の下側に黄色斑があるのが特徴①。腹部第4〜6節の背面の黄斑は側面の黄斑とつながり、環状斑となっているが、♂では稀に分かれる個体もある。♀は頭部単眼の後方に先端が触れ合った鋭い突起がある②。♂の生殖後鉤は先端が強く鉤状に曲がり、その手前は強くえぐれて、缶切りのような形状をしている③。尾部付属器は前2種に比べ明らかに短く、形状も異なる。腹部第9節の黄斑は♂でも目立つものが多いが、例外がある。

小型サナエトンボ科の見分け方

1　翅胸前面黄斑がハの字型のグループ　ダビドサナエ属の3種とその他の3種で基本的に流水域に生息する。ダビドサナエ属3種の♂は尾部付属器で見分けるのが確実である。♀では産卵弁の違いが分かりにくいので、②から⑥のポイントのうち③を含む3点以上をチェックして見分けるのが望ましい。

ダビドサナエ　①♂は腹部第10節が左右にせり出している。②頭部正面単眼上部のひさし状になった部分の中央部がへこんでいる。③大顎基部に黄斑がある。④前胸背面に一対の黄斑がある。⑤前肢の基節（前基節）に黄斑がある。⑥胸部気門付近に黄色部がある。などでクロサナエと見分けられる。ただし④、⑥には例外がある。翅胸第1側縫線の黒条は稀に上まで届かない個体がある（→p.98）。

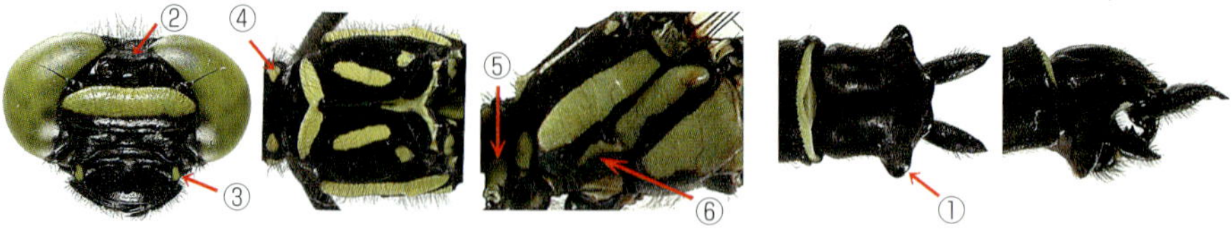

クロサナエ　①♂の尾部上付属器が左右にせり出し細い突起になっている。②頭部のひさし状中央部は盛り上がるか水平に近い。③大顎基部に黄斑がない。④⑤⑥は普通黒いが、④、⑥は例外がある。

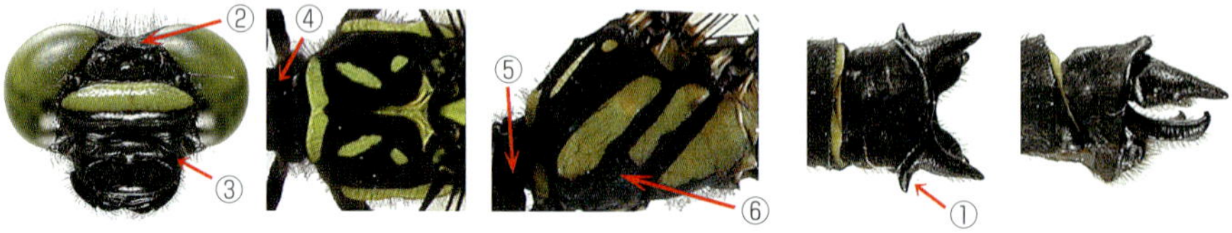

ヒラサナエ　近畿地方では分布が限られる。①♂は腹部第10節の後半がやや細くなり、尾部上付属器は釘抜き状という特徴がある。②のひさし状中央部はへこんでいて③大顎基部に黄斑はない。④翅胸第1側縫線に沿う黒条は先が細くなり、上部まで届かない。

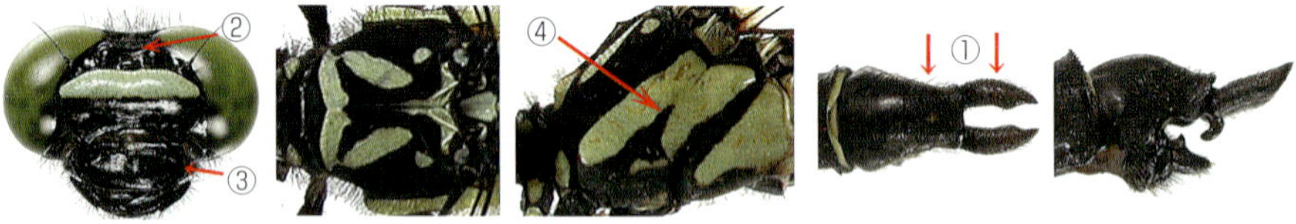

ヒメクロサナエ　翅胸前面にハの字型とT字型の黄斑がある。翅胸第1側縫線に沿う黒条と第2側縫線に沿う黒条が気門付近で1本になり、上部まで達する。♀産卵弁は先端、裂け目ともに丸みを帯びて大きく開く。

ヒメサナエ　翅胸前面にハの字型とT字型の黄斑がある。翅胸第1側縫線に沿う黒条は気門付近までしかない。♂尾部上付属器は白くハの字型。♀産卵弁は富士山型である。

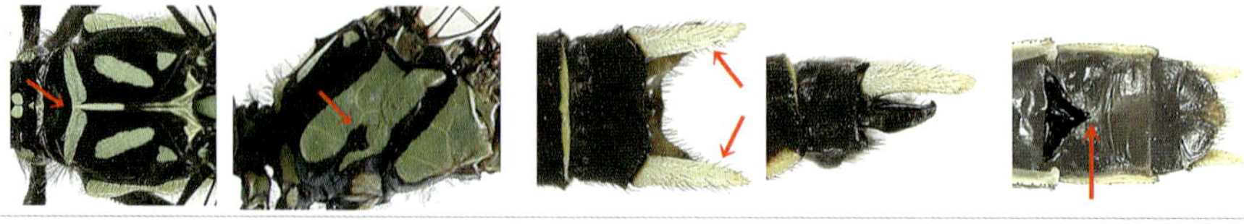

オジロサナエ　翅胸側面にＹ字型の黒条がある。♂尾部上付属器はヒメサナエ同様に白いが、オジロサナエの♂尾部上付属器は牛のツノ状で先端は上方に反り返っている。♀の産卵弁は二山状である。

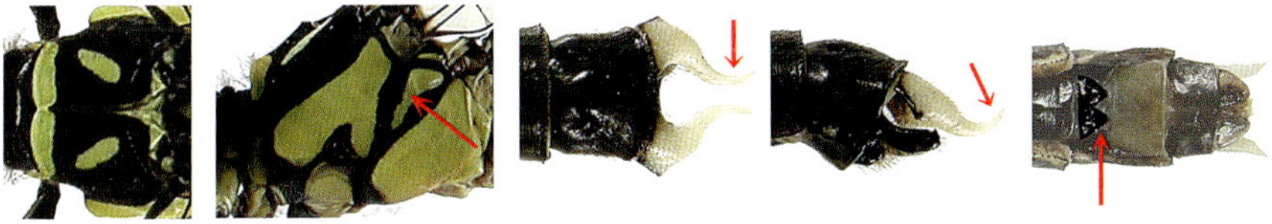

2　翅胸前面黄斑がL字型（ハの字型にならない）のグループ　コサナエ属の4種で、基本的に止水域に生息する種（タベサナエは流水域にも生息する）。次のオグマサナエの図で特徴を説明すると、翅胸前面にＬ字型の黄色部があり①、その上に三角の黄斑がある②。タベサナエ以外の3種は普通前肩条がある③。♀は産卵弁の形も見分けるポイントになる。

オグマサナエ　③の前肩条は発達しているものが多いが、地域によっては縮小する。①のＬ字斑と②③がつながる個体もある。♂尾部上付属器上部に鋭い突起がある④。♀の腹部第10節が長い。

フタスジサナエ　翅胸側面に2本の黒条①②があるのが特徴で、第1側縫線上の黒条①は♂♀とも途中で切れるものとつながるものがある。前肩条がある③。♂尾部上付属器上部の突起はない。

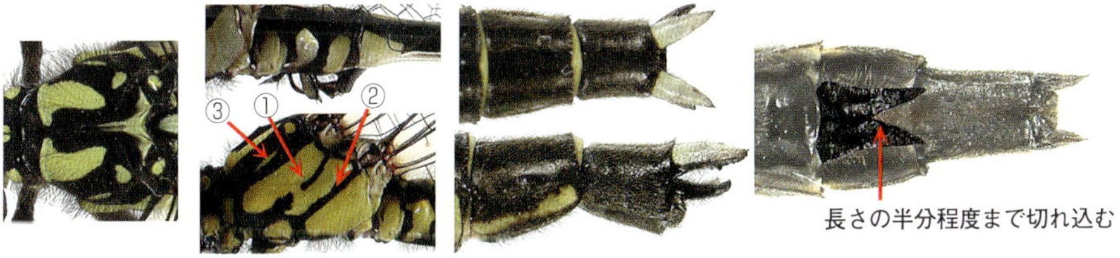

タベサナエ　前肩条はない①。♂の副性器は大きく目立つ②。♂尾部上付属器上部に突起がある③。

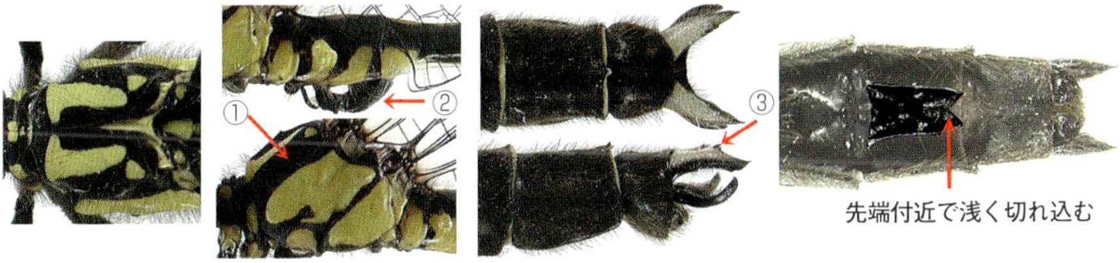

コサナエ　4種中最も小型である。前肩条は普通はっきりしているが①、消失している個体もある。♂尾部上付属器上部の突起はない個体と痕跡的にある個体がある。

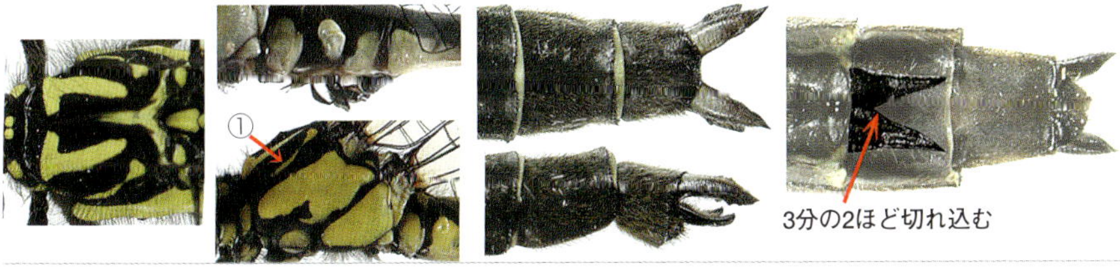

エゾトンボ科の見分け方

エゾトンボ属の見分け方

飛翔している時はよく似ている。♂では尾部上付属器の形、♀では産卵弁などにより見分けられる。

タカネトンボ　♂尾部上付属器は背面から見ると中央付近で外側に張り出している。また、側面から見ると途中で下方に張り出し、大きな段差になっている。♀産卵弁は三角形状ではない。

ハネビロエゾトンボ　♂尾部上付属器は側面から見ると包丁型。♀の産卵弁は三角形状で長い。

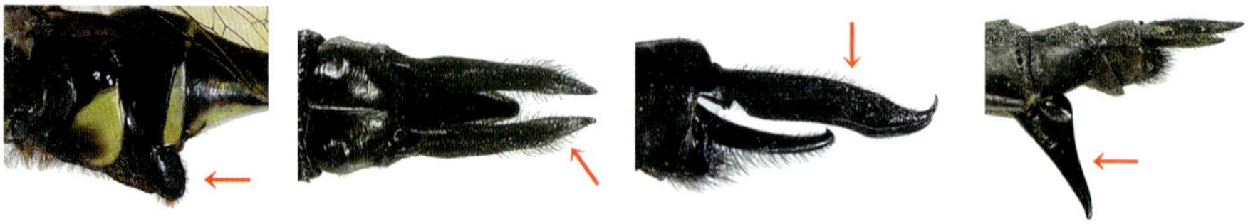

エゾトンボ　♂尾部上付属器は側面から見ると段差になるような箇所はなく、付け根に棘がある。♀の産卵弁は三角形状であるが、ハネビロエゾトンボほど長くならず、先もとがらない。また、腹部側面に黄斑が並ぶ（→p.140）のも特徴。

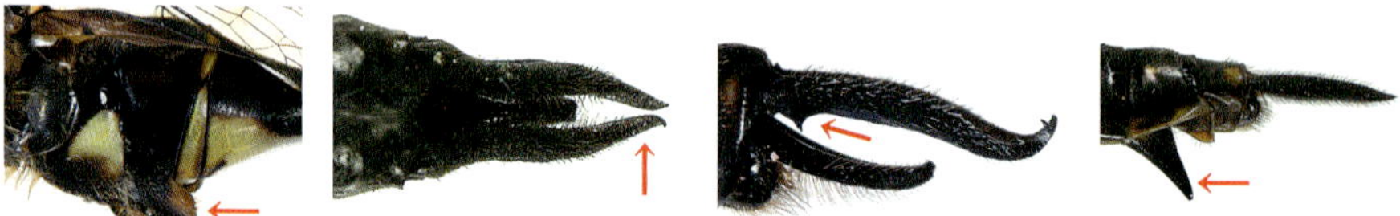

オオヤマトンボ属、コヤマトンボ属の見分け方

オオヤマトンボ　額面に2本の黄色条があり、腹部第10節背面には突起がある。上付属器は短い。

キイロヤマトンボ　額面の黄色条は1本。腹部第3節側面の黄色条が上下で分断されているのが特徴。

コヤマトンボ　額面の黄色条は1本。腹部第3節側面の黄色条は分断されない。

アカネ属の見分け方

アカネ属はまず翅の斑紋のパターンにより見当をつける。それから翅胸前面や側面の黒条の違い、額面の色や眉状斑の違い、♂では尾部付属器、♀では産卵弁、さらには体長と体色などで見分ける。次の解説図で、顔面は左♂、右♀で、右端は♂の尾部付属器を横から見た図である。成熟♂で胸部、額面まで赤くなるのはコノシメトンボ、ミヤマアカネ、ネキトンボ、ナツアカネの4種である。

1　翅端に褐色斑があるグループ（→p.174～178）ここに挙げたもの以外にマユタテアカネの♀は約半数の翅端に褐色斑がある。またナニワトンボの♀にも稀に薄い褐色斑が出る個体がある。

リスアカネ　翅胸第1側縫線に沿う黒条は上まで届かないか、上部で細くなる。

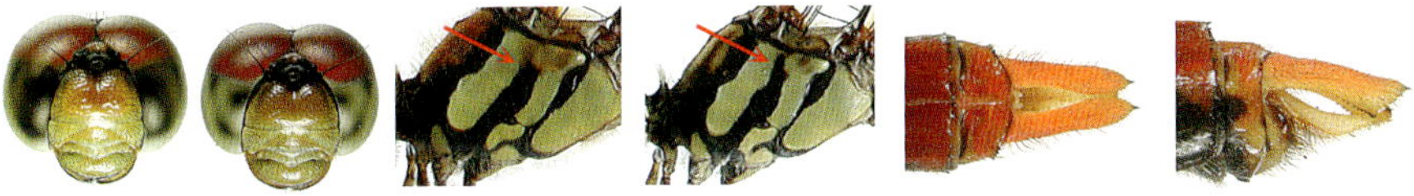

ノシメトンボ　翅胸第1側縫線に沿う黒条は上部まで太い。♂の尾部上付属器の先端半分が黒い。

コノシメトンボ　翅胸第1側縫線に沿う黒条と翅胸第2側縫線に沿う黒条が途中でつながる。

2　翅に赤褐色のバンドがあるグループ（→p.160）

ミヤマアカネ　縁紋付近に赤褐色の帯状の斑紋がある。

3　翅の広い部分に橙色や橙黄色などの色がついているグループ（→p.168～188）

キトンボ　翅の基部の広い範囲と前縁部は濃い橙黄色をしている。

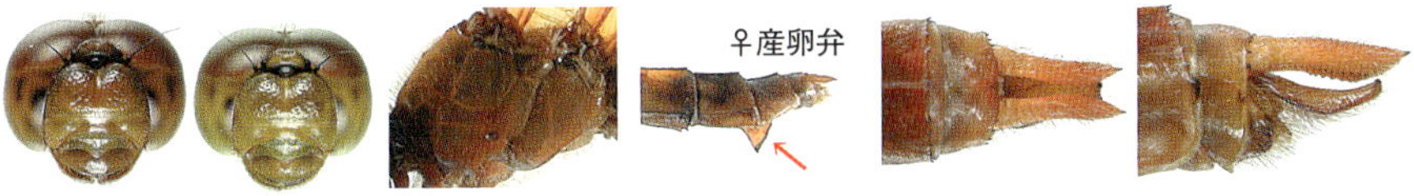

オオキトンボ　翅全体が薄い橙黄色、翅前縁はやや濃い橙黄色をしている。未熟個体は未熟のショウジョウトンボによく似るが、アカネ属には前胸部にショウジョウトンボにはない長毛があることで区別できる。

ネキトンボ　翅の基部の広い範囲が濃い橙黄色をしている。（→p.184）翅胸側面に太い黒条がある。

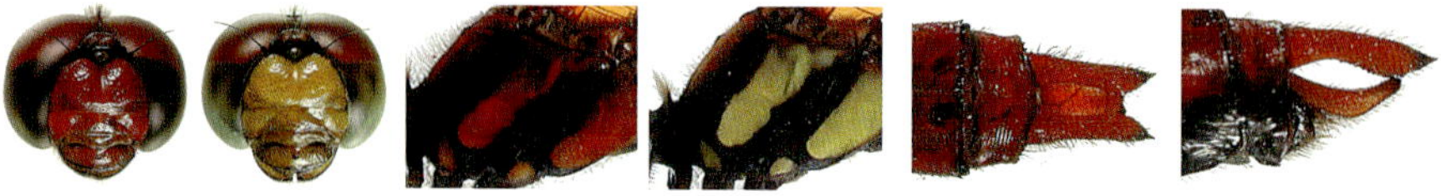

4　中型のアカネ属で翅がわずかに色づくか透明になるグループ

タイリクアカネ　翅の前縁を中心に橙黄色を帯びる。翅胸第1側縫線に沿う黒条は短い。脛節外側は黄褐色。

アキアカネ　翅胸第1側縫線に沿う黒条の先が細くなっている。

ナツアカネ　翅胸第1側縫線に沿う黒条の上部が直角に断ち切れるのが特徴。♂は成熟すると胸部や額面まで赤くなる。

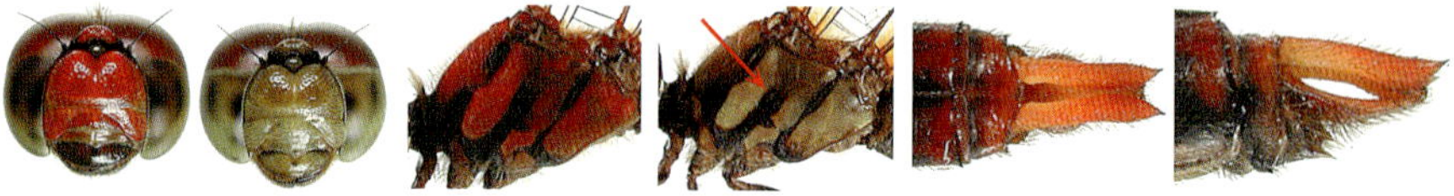

スナアカネ　翅の基部が少し橙黄色をしている。成熟♂は胸側の白っぽい部分が目立つ。成熟すると♂の顔面は赤くなる。複眼下半は青灰色。肢の腿節、脛節の外側に明瞭な黄白色部分があるのが特徴である。

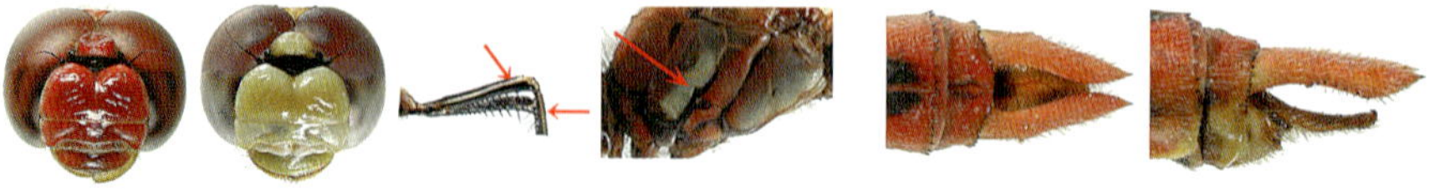

5　小型のアカネ属Ⅰ　成熟後も赤くならないグループ（→p.180〜182）。

マダラナニワトンボ　♀と未熟期の♂の翅の基部は橙黄色。額面の眉状斑が特に発達する。翅胸前面の黄色斑は次種のように下方まで伸びない。翅胸第１側縫線の黒条は上端まで届かないか、わずかに届く程度で、途中で第2側縫線の黒条とつながるものも多い。

ナニワトンボ　成熟♂は青白粉に覆われる。前種とは額面の色や眉状斑、翅胸側面の黒条なども異なる。

6　小型のアカネ属Ⅱ　ナニワトンボ、マダラナニワトンボ、ミヤマアカネを除くグループ

タイリクアキアカネ　アキアカネに似ているが胸部が小さく、翅胸第1側縫線に沿う黒条は細く小さい個体が多い。額面はアキアカネよりやや白い。額基条はアキアカネ同様のものから、途中でえぐれたり分断されるものまである（→p.206）。小型のアカネ属、特にヒメアカネに似るが、本種には翅胸前面に黒条がない。

オナガアカネ　♂の額面は白色。産卵弁は細長く、ヒメアカネと比べると腹端を明らかに越える。

♂の腹部第7節の下方が突出する

ヒメアカネ　成熟♂の額面は白色。♀に小さな眉状斑が出る個体がある。翅胸前面の黄白色部を分断する黒色部は、ある個体①とない個体②がある。♂の尾部付属器の上縁はほぼまっすぐである。産卵弁は細長い。

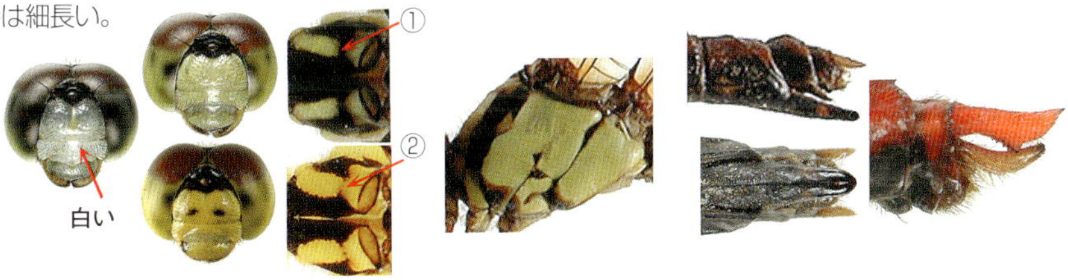

マユタテアカネ　♀の翅端に褐色斑が出るものがよくある。額面に二山型の明瞭な眉状斑があり、翅胸前面の黒条は上部でぼやける。♂の尾部上付属器が上方に著しく反り返る。産卵弁は腹側から見ると丸く平たい。

マイコアカネ　成熟個体は額面が淡い青〜緑色。肩縫線と翅胸第1側縫線に沿う黒条の間の上部に短い黒条がある。♂の尾部上付属器が上方に反り返る。産卵弁はペン先状で腹部第9節末端を越えない。

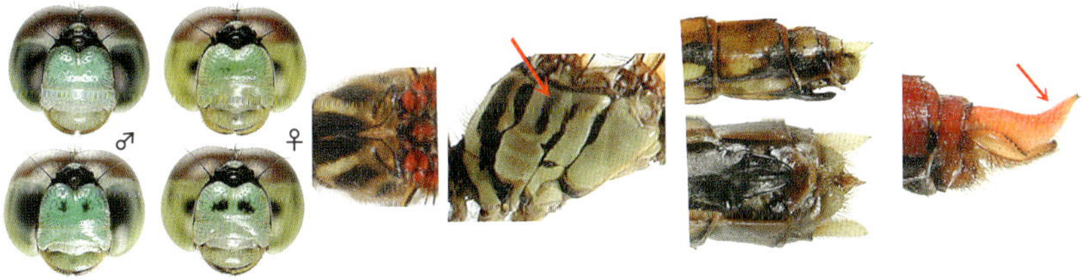

幼虫図

イトトンボ科（×2.0　尾鰓×4.0）

アオイトトンボ科（×2.5）
モノサシトンボ科・カワトンボ科・ムカシトンボ科・ムカシヤンマ科・オニヤンマ科（×1.0）

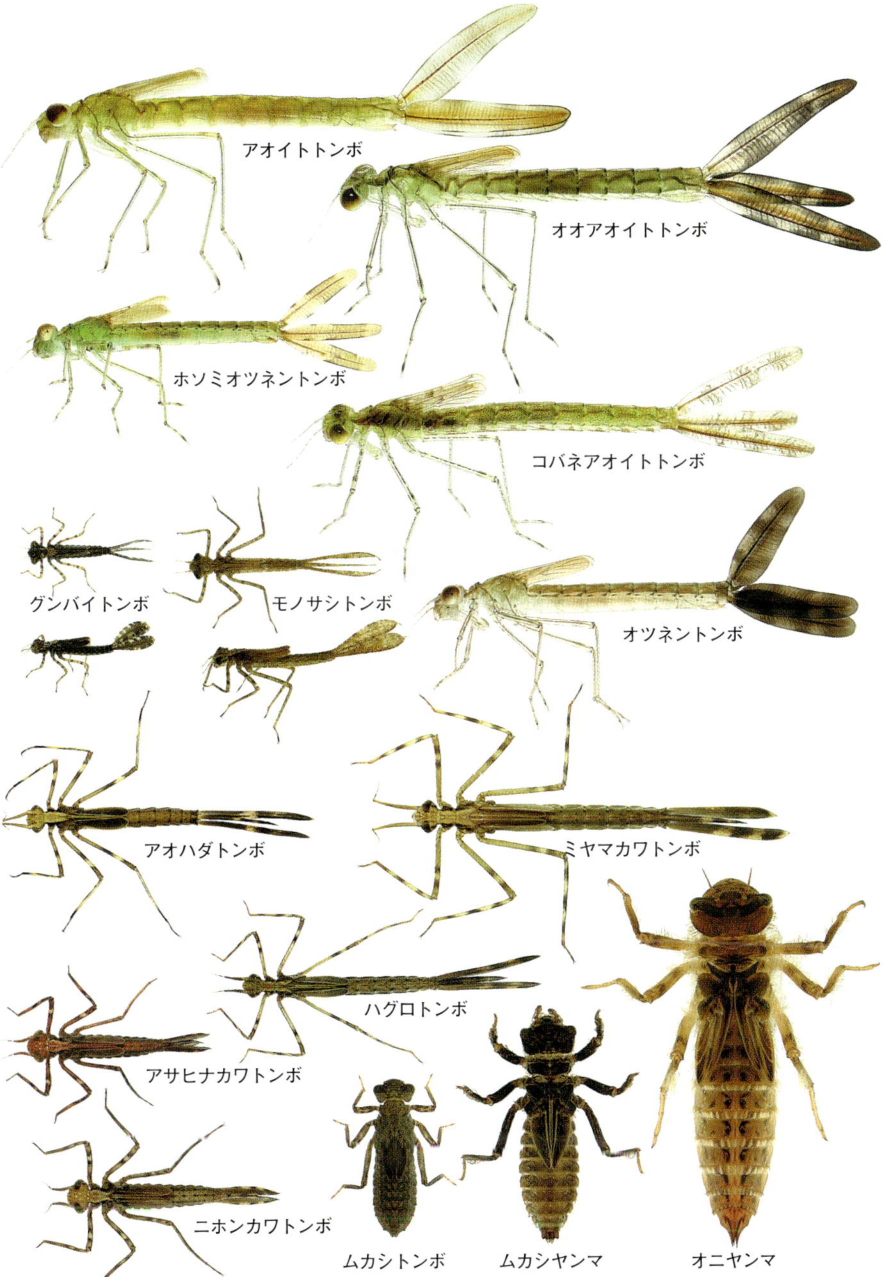

サナエトンボ科（×1.0）

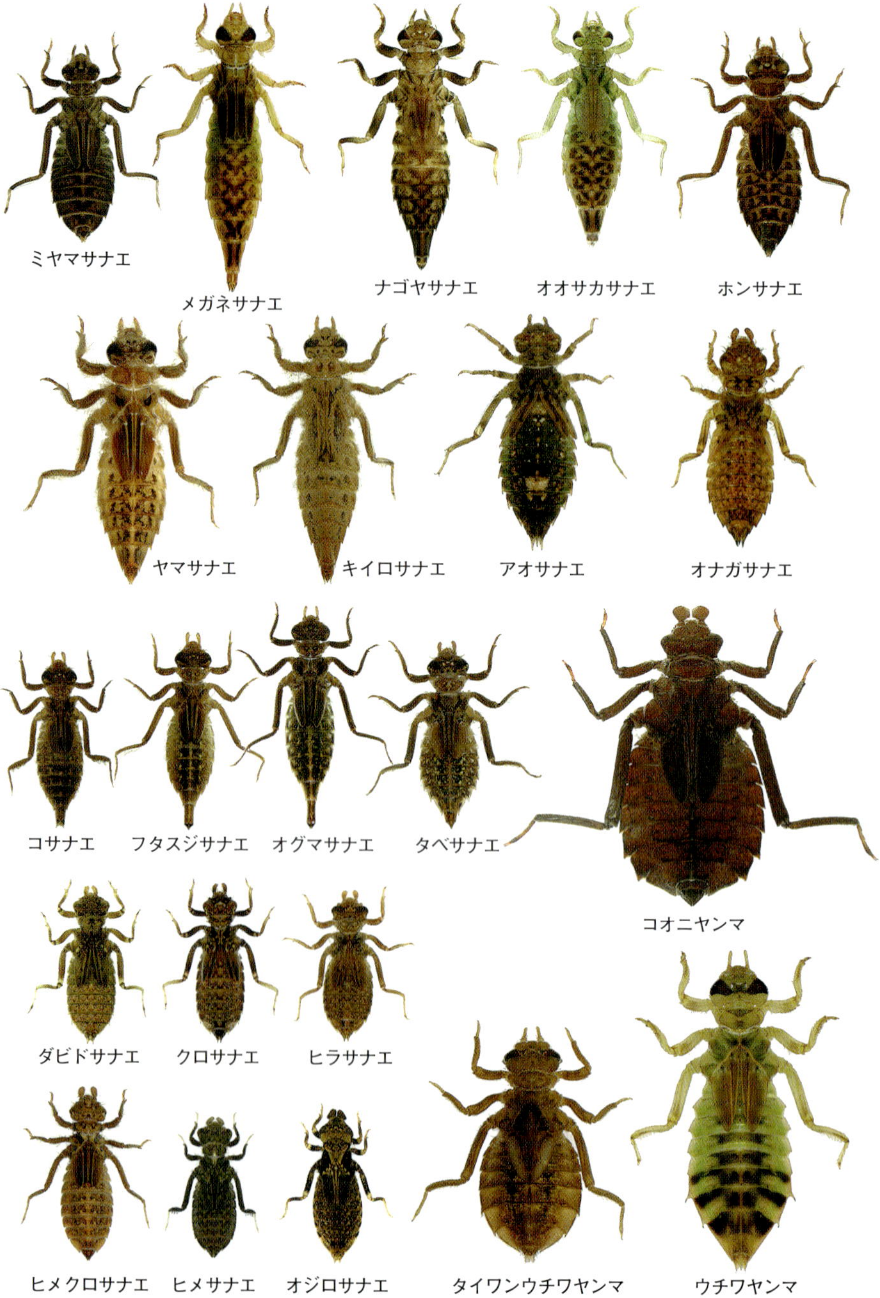
ミヤマサナエ
メガネサナエ
ナゴヤサナエ
オオサカサナエ
ホンサナエ
ヤマサナエ
キイロサナエ
アオサナエ
オナガサナエ
コサナエ
フタスジサナエ
オグマサナエ
タベサナエ
コオニヤンマ
ダビドサナエ
クロサナエ
ヒラサナエ
ヒメクロサナエ
ヒメサナエ
オジロサナエ
タイワンウチワヤンマ
ウチワヤンマ

ヤンマ科（×1.0）

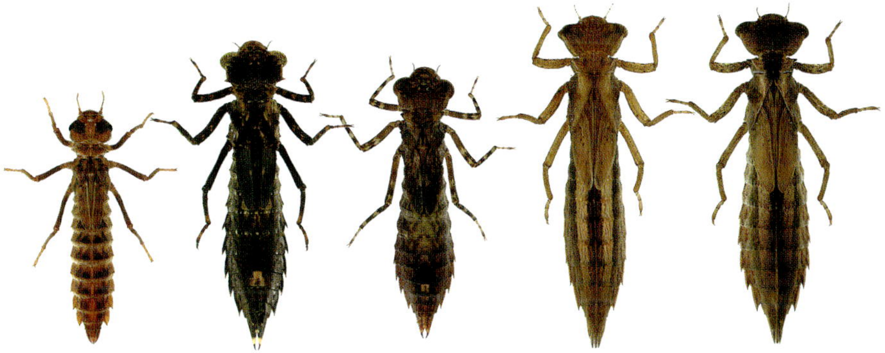

サラサヤンマ　コシボソヤンマ　ミルンヤンマ　アオヤンマ　ネアカヨシヤンマ

カトリヤンマ　ヤブヤンマ　ルリボシヤンマ　オオルリボシヤンマ　マダラヤンマ

マルタンヤンマ　ギンヤンマ　オオギンヤンマ　クロスジギンヤンマ

エゾトンボ科・トンボ科アカネ属以外（×1.0）

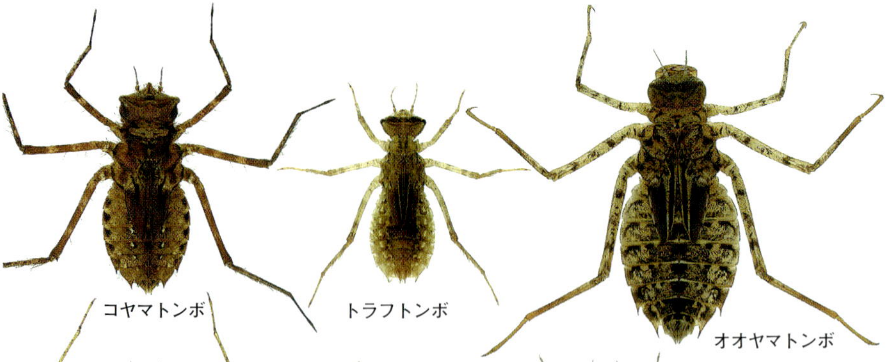

コヤマトンボ　トラフトンボ　オオヤマトンボ

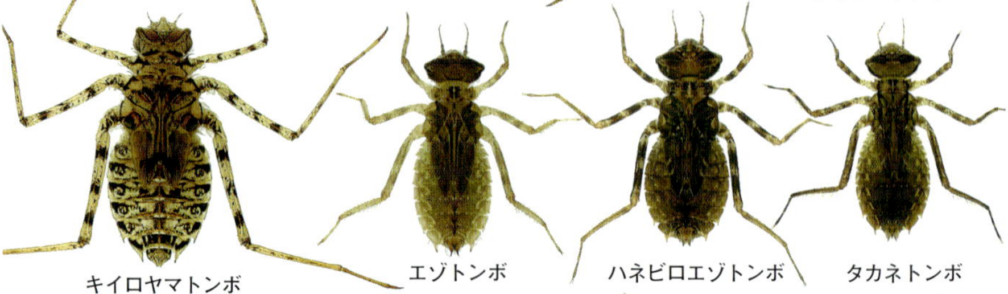

キイロヤマトンボ　エゾトンボ　ハネビロエゾトンボ　タカネトンボ

ハラビロトンボ　シオカラトンボ　シオヤトンボ　オオシオカラトンボ　ヨツボシトンボ

ベッコウトンボ　ハッチョウトンボ　アオビタイトンボ　コフキトンボ　ショウジョウトンボ　コシアキトンボ

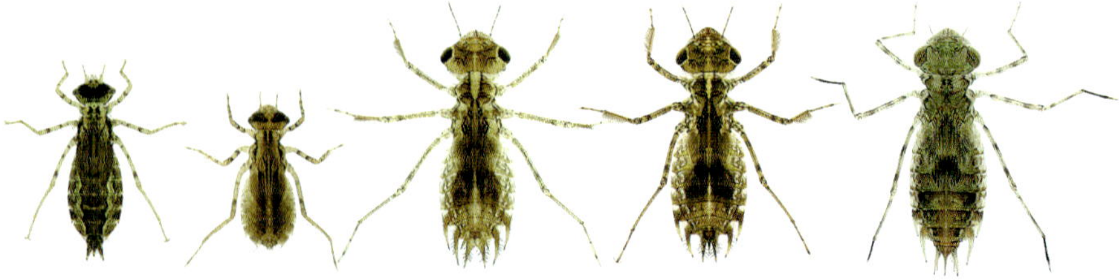

アメイロトンボ　チョウトンボ　ハネビロトンボ　コモンヒメハネビロトンボ　ウスバキトンボ

トンボ科アカネ属（×2.0）

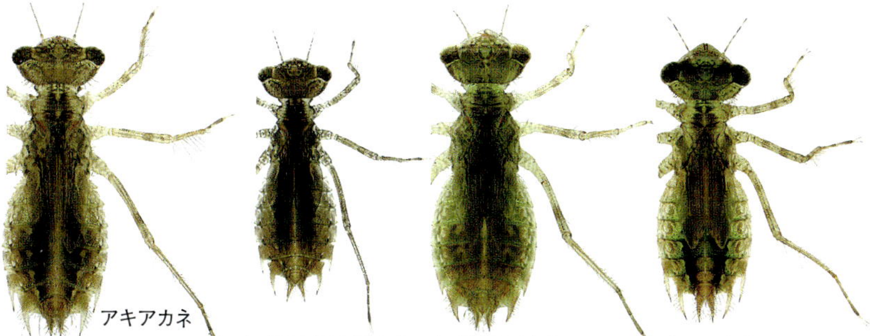

アキアカネ　タイリクアキアカネ　タイリクアカネ　ナツアカネ

スナアカネ　マユタテアカネ　マイコアカネ　ヒメアカネ　オナガアカネ

ミヤマアカネ　ノシメトンボ　コノシメトンボ　リスアカネ　ナニワトンボ

マダラナニワトンボ　キトンボ　オオキトンボ　ネキトンボ

幼虫の解説

幼虫部位名称

よく出てくる部位の名称を示した。

クロイトトンボ

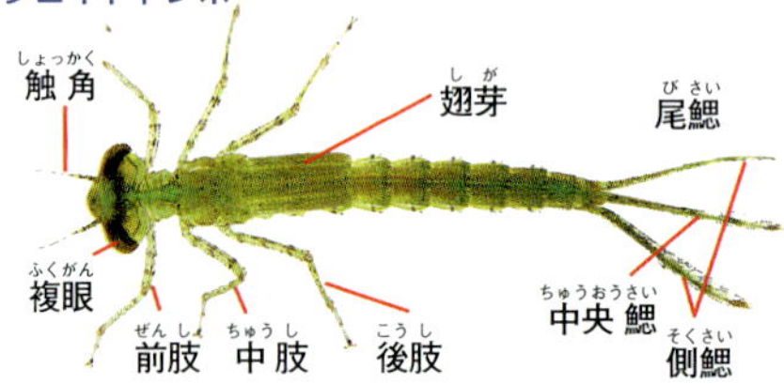

肢　各部名称

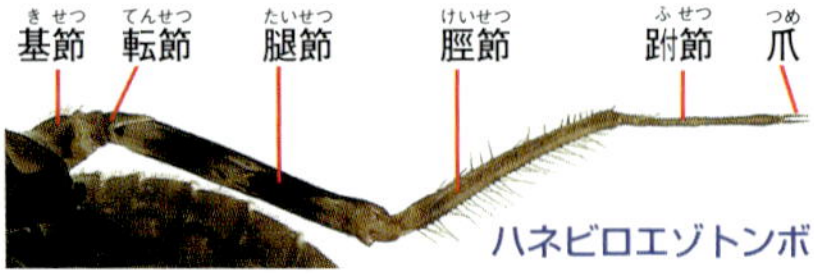

前から見た下唇

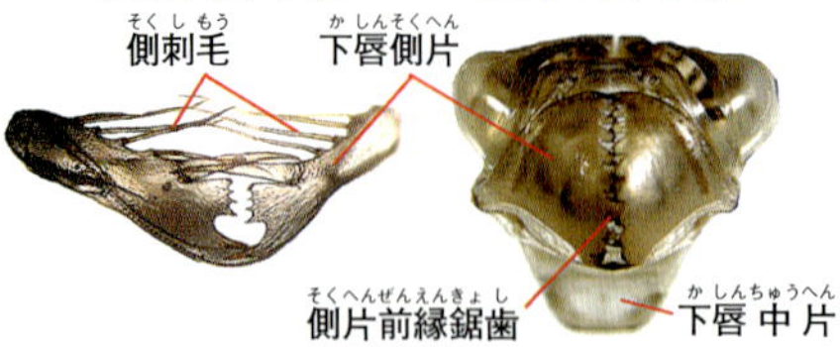

下唇　ギンヤンマ

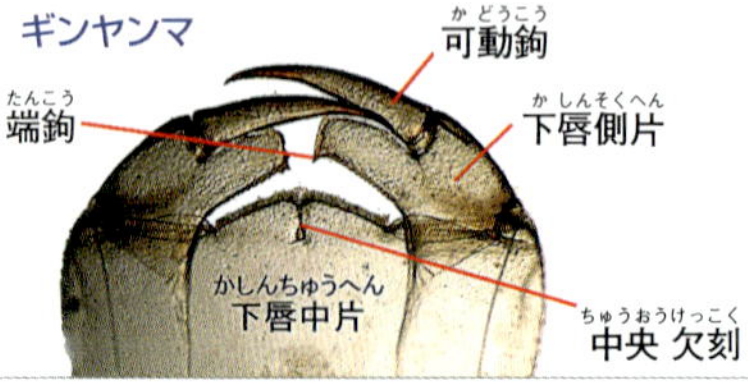

下唇　スナアカネ　ホソミオツネントンボ

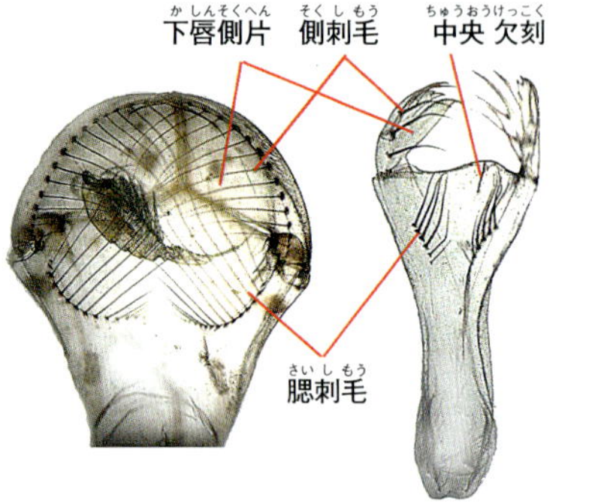

アカネ属など、さじ状をした下唇の上部を腮刺毛と側刺毛が取り巻いており、捕らえたミジンコなどは出られない。

腹部　ハラビロトンボ

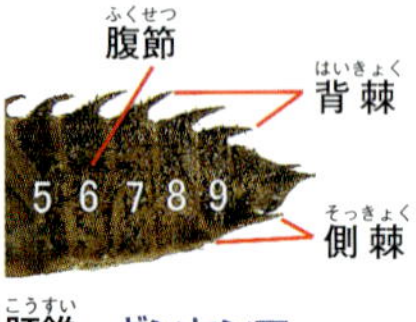

中央鰓　キイトトンボ

肛錐《こうすい》　ギンヤンマ　オオシオカラトンボ

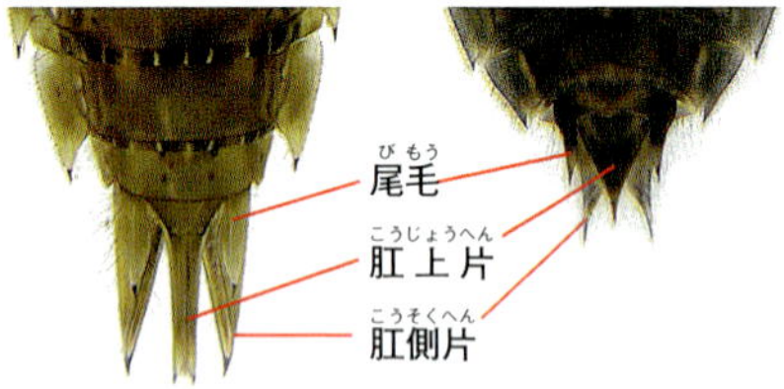

幼虫や羽化殻を見分ける注意点

●幼虫の齢期を考慮する。

形態が似ている幼虫を正確に同定するのはなかなか困難である。特に若齢幼虫では検索のキーになる尾鰓の形、刺毛の数、側棘の長さなどが終齢幼虫と異なるため、同定が難しいことがある。できれば、終齢幼虫で調べるのが望ましい。終齢幼虫の見きわめは、翅芽の先が腹部第3節または4節より後ろに達しているかどうかが1つの目安になる。

翅芽と腹節　アオサナエ

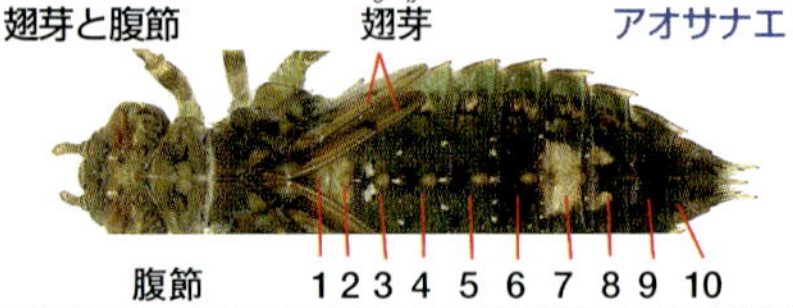

●体色や形態の変異を考慮する。

幼虫の体色は同じ種でもいろいろある。図版はその一例なので体色で判断するのは避けたほうがよい。形態についても個体差があり、微妙に異なることもある。特に再生した尾鰓は本来の形と異なることが多い。羽化直前には翅芽がふくらみ、体型や複眼の色が変化する。また、羽化殻では終齢幼虫と体型がかなり異なる場合があるので注意を要する。羽化殻では一般に腹部の幅が狭くなり、長さは伸びることが多い。

●生息環境を考慮する。

次の検索表で種にたどり着かない場合や、たどり着いても納得できない場合は、その地域のこれまでの成虫の分布や、生息環境が適合しているかどうかを確かめ、場合によっては幼虫を飼育し、羽化させて確認することが必要な場合がある。

特定の池や川で、成虫を継続して観察していれば、そこに生息する種がほとんど決まっていることが分かる。また、毎年ほとんど同時期に羽化することも分かる。そのような場所では確実に幼虫が同定できるため、幼虫または羽化殻を保存しておき、その標本と比べて同定すると間違いは少なくなる。

幼虫の♂♀

幼虫で♂と♀を見分けるには、成虫になった時に産卵管や産卵弁になる部分があるかないかを見る。均翅亜目、ムカシトンボ、ムカシヤンマ、ヤンマ科では、この原産卵管がはっきりしているので、これがあれば♀である。また、均翅亜目の♂では腹部第9節に生殖器になる小さい突起がある（→p.229♀原産卵管比較、♂原生殖器比較）。サナエトンボ科の♀には小さいが原産卵弁がある。エゾトンボ科ではトラフトンボ以外原産卵弁は見えず、トンボ科も原産卵弁は見えない。しかし、♂には成虫になった時、副性器になる部分が腹部第2、3節腹側中央に見える。♀にはこれがない。エゾトンボ科やトンボ科、原産卵弁の有無が確認しにくいサナエトンボ科ではここで見分けるとよいが、斜め横から透かして見ないと分からないようなものも多い。

♂原副性器（原副生殖器）

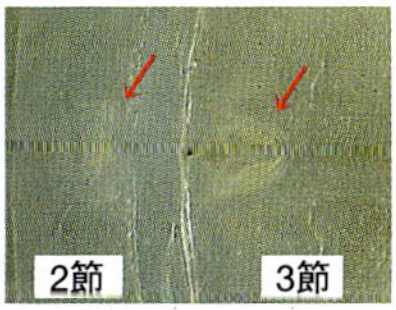

ウスバキトンボ

♀原産卵弁（原生殖弁）

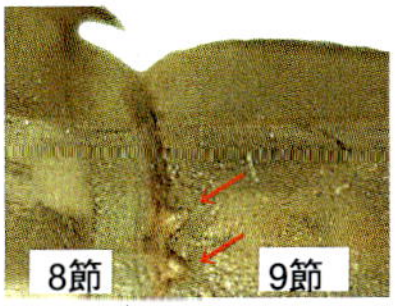

メガネサナエ

亜目・科の検索表

近畿地方で記録があった103種のトンボの幼虫の科までの検索表

亜目→科までの検索

均翅亜目

体は細く、腹部の端に3枚の葉状の尾鰓がある。

●イトトンボ科→下唇中片に中央欠刻がなく、下唇は比較的短い。尾鰓は薄くあまり大きくはない。

●モノサシトンボ科→下唇中片の中央欠刻はルーペで確認できない。下唇は比較的短い。尾鰓は大きい。

●アオイトトンボ科→下唇中片の中央欠刻は閉じた溝になっている。下唇は細長い。尾鰓は薄くてやや大きい。

●カワトンボ科→下唇中片の中央欠刻は大きく隙間状になっている。下唇はやや細長い。尾鰓は厚みがある。触角の第１節が特に長い。

ムカシトンボ亜目

尾鰓はなく、尾部付属器は短く、とがっていない。腹部第3～7節に発音やすりがある。

●ムカシトンボ科→日本にはムカシトンボ１種が生息している。

不均翅亜目

尾鰓はなく、腹部の端に肛錐（肛側片、肛上片と尾毛）がある。腹部に発音やすりはない。逃走など、速く移動する時は、直腸から水を噴出、ジェット噴射のようにして進む。

●ムカシヤンマ科→太くて短毛の密生する6節からなる触角がある。腹部背面に2列の剛毛束がある。尾部付属器はとがっていない。

●サナエトンボ科→下唇は平らである。触角は4節で3節が特に大きい。前肢と中肢の跗節は2節。

●オニヤンマ科→下唇中片の中央に切れ込みがある。下唇側片の先端が大小の粗い鋸歯状である。下唇側片が頭部の下半分を覆っている。

●ヤンマ科→下唇は平らで、大きな可動鉤がある。全形が細長く、サラサヤンマ以外は体表がほぼ滑らかである。触角は7節で細長い。

●エゾトンボ科→下唇側片の中央に切れ込みがない。下唇側片の先端は鋸歯状である。下唇側片は大きく頭部の下部分を覆っている。触角は細長い。肢が長い。尾毛と肛上片はほぼ同じ長さ。

●トンボ科→下唇側片は大きく頭部の下部分を覆っている。触角は細長い。下唇側片の先端は鋸歯状であるが、エゾトンボ科ほど目立たない。尾毛は肛上片よりかなり短い。トンボ科の中で大きな複眼が頭部の横に張り出し、腹部背面に複雑な模様が見られ、腹部第8、9節の側棘がはっきりしているものはアカネ型の幼虫に属する。

終齢幼虫を主とした科ごとの見分け方

ここからは各科に属する種についての解説で、検索表にはなっていないが、トンボ科を除く終齢幼虫の生息場所と見分け方を中心に記述してある。なお、生息環境とトンボ科の生息場所については、各種解説文のページに記述があるので、分布、出現時期、幼虫期間もあわせて参照していただきたい。特に卵越冬して、その年に羽化する種は幼虫期間が限られるので、注意していただきたい。

【注意】均翅亜目の体長は尾鰓も含めた全体の長さで表してあるが、触角は含まない。

イトトンボ科

ほとんどの種は止水域のみならず緩やかな流れの流水域にも生息する。イトトンボ科の幼虫の色は同じ種でも変化があり、見分けるポイントにならないことが多い。

モートンイトトンボ 体長約13～14mm。頭幅約2.5mm。湿地や水田脇の水溜りで見られる。頭部後頭角がとがっているので他のイトトンボと見分けられる。

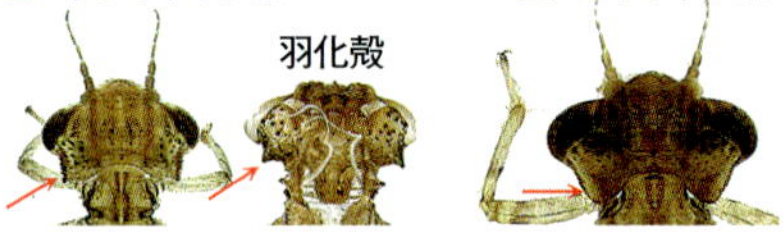

ヒヌマイトトンボ 体長約13～19mm。頭幅約2.9mm。汽水域のヨシが生育する水面に浮いた枯れた植物の裏などにつかまっていることが多い。細く先がとがった尾鰓と生息環境から見分けられる。

ホソミイトトンボ 体長約16～17mm。頭幅約2.7mm。水中の植物につかまっていることが多い。尾鰓の形は変異がある。尾鰓から判断すると、アオモンイトトンボとアジアイトトンボに似ているが、腹部腹側を見ると、各節の後方にクロイトトンボ属にあるような黒い点が見えるので、この2種と見分けられる。黒い点は内部にあるものなので、羽化殻には残らない。

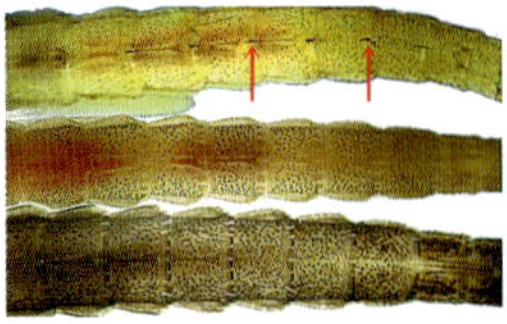

キイトトンボ 体長約17～21mm。頭幅約3.8mm。岸辺の植物の根付近や水草付近で見られる。

下唇側片先端部の幅比較

ベニイトトンボ 体長約16～19mm。頭幅約3.3mm。水草の中で見られることが多い。

キイトトンボとベニイトトンボの幼虫の腮刺毛はどちらも片側1本ずつである。近畿地方に産する他のイトトンボ科の腮刺毛は片側2本以上ある。キイトトンボとベニイトトンボはよく似ているが、下唇の幅や下唇側片先端部の幅はキイトトンボのほうがやや広い。「キイトトンボの中央鰓上縁の鋸歯列は基部から先端までの長さの70%位、ベニイトトンボでは50%位。」という記述もあるが、キイトトンボでは若齢幼虫で70%を超していても、終齢幼虫では50%程度になる産地もあり（→p.226中央鰓）、また、ベニイトトンボでも50%を超すものがあるので注意すること。なお、両種とも緑色から黒褐色までさまざまな体色が見られる。

アオモンイトトンボ 体長約15～22mm。頭幅約3.4mm。岸辺の植物の根付近や水草の中で見られる。水面に浮いた植物につかまっていることも多い。尾鰓の形は変異がある。

アジアイトトンボ 体長約16～20mm。頭幅約3.1mm。岸辺の植物の根付近や水草の中で見られる。尾鰓の形は変異がある。

クロイトトンボ 体長約20～23mm。頭幅約3.6mm。水草の中で見られることが多い。

ムスジイトトンボ 体長約21～22mm。頭幅約4.0mm。水生植物の近くで見られる。

オオイトトンボ 体長約19～23mm。頭幅約3.7mm。水草の中で見られることが多い。

セスジイトトンボ 体長約19～21mm。頭幅約3.5mm。水草の中で見られることが多い。

クロイトトンボ、ムスジイトトンボ、オオイトトンボ、セスジイトトンボの4種の終齢幼虫は尾鰓の先があまりとがっていない。また、クロイトトンボでは若齢の時から、尾鰓の後半部に3個のはっきりした褐色斑がある個体が多い。しかし、稀にほとんど消失する個体もある。他の3種は、見る角度によって薄い3個の褐色斑が見られることがある。また、オオイトトンボでは、アジアイトトンボのように尾鰓中央部に1個の褐色斑が見られることが多い。セスジイトトンボの尾鰓はクロイトトンボ、ムスジイトトンボ、オオイトトンボに比べ、幅が狭い。

アオイトトンボ科

以下の5種はいずれも主として止水域に生息する。

アオイトトンボ　体長約26〜32mm。頭幅約3.8mm。水生植物周辺や水底で見られる。

オオアオイトトンボ　体長約28〜30mm。頭幅約4.0mm。水底や水生植物付近で見られる。

コバネアオイトトンボ　体長約23〜28mm。頭幅約3.3mm。水生植物周辺や水底で見られる。

オツネントンボ　体長約20〜25mm。頭幅約3.7mm。水生植物周辺で見られる。

ホソミオツネントンボ　体長約17〜20mm。頭幅約2.8mm。水生植物周辺で見られる。

上記5種のうち、コバネアオイトトンボ、オツネントンボ、ホソミオツネントンボについては下唇の形で見分けられる(→右段上図)。

アオイトトンボとオオアオイトトンボについても下唇前基節の中央部がアオイトトンボのほうが狭いことが多いので見当はつくが、下記の方法を併用したほうがよい。なお、両種は混生することも多いが、羽化時期はアオイトトンボのほうがかなり早い。

●♀原産卵管の比較

アオイトトンボは原産卵管内縁が直線的で先端はとがり、腹部第10節上部後縁に届かないか、達する程度である。オオアオイトトンボでは原産卵管内縁は丸みを帯び、先端は腹部第10節上部後縁を明らかに越える。

♀原産卵管比較

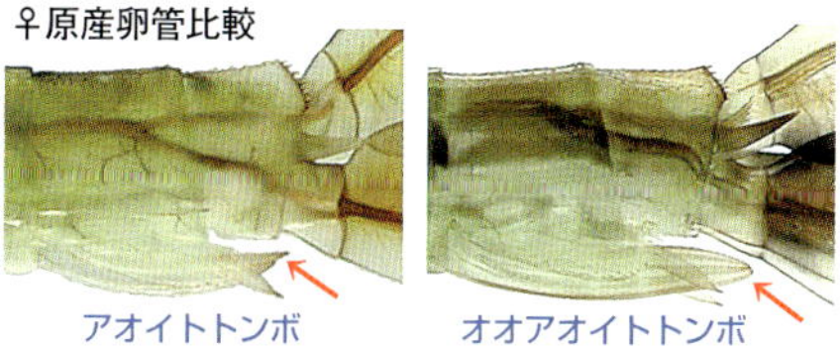

アオイトトンボ　　オオアオイトトンボ

●♂原生殖器の比較

アオイトトンボのほうが長く、形状もやや異なる。

♂原生殖器比較

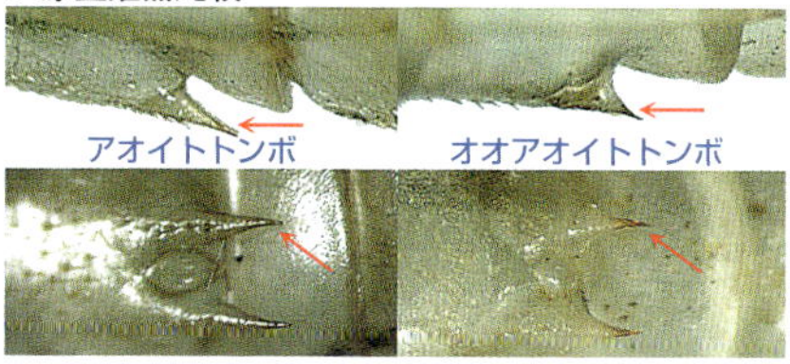

アオイトトンボ科　下唇比較

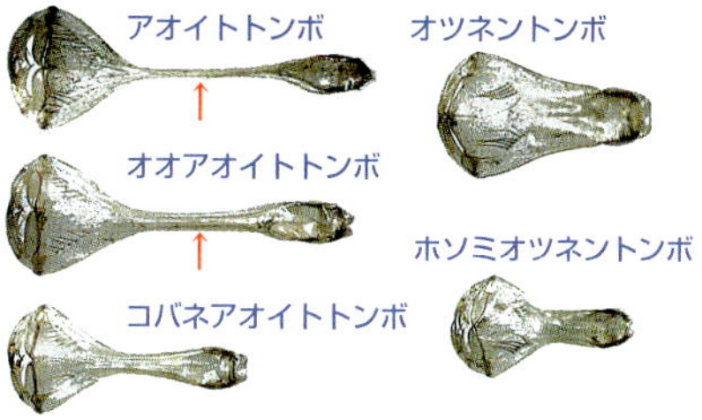

コバネアオイトトンボの下唇はオオアオイトトンボ、アオイトトンボより明らかに短い。また、コバネアオイトトンボの腹部腹側には、羽化殻になっても残る、はっきりした黒褐色斑が2個ずつ並ぶので、見分けるポイントになる。

コバネアオイトトンボ　**腹部腹側の黒褐色斑**

モノサシトンボ科

グンバイトンボは緩やかな流れの流水域や滞水に生息し、モノサシトンボは止水域から溝川など緩やかな流れの流水域に生息する。

グンバイトンボ　体長約15〜18mm。頭幅約3.2mm。岸辺の植物の根につかまっていることが多い。腹部第7〜9節に側刺がある。

モノサシトンボ　体長約25〜27mm。頭幅約3.7mm。岸辺の植物の根付近や水草につかまっている。腹部第8、9節に側刺がある。角度もやや違う。尾鰓が特に大きいので同定は容易である。

カワトンボ科

以下の5種はいずれも流水域に生息する。

アオハダトンボ　体長約37〜41mm。頭幅約4.5mm。岸辺の植物の根や水草につかまっている。

ハグロトンボ　体長約35〜43mm。頭幅約4.2mm。岸辺の植物の根や水草につかまっている。

アオハダトンボとハグロトンボはよく似ていて、見分けるのは難しい。しかし、アオハダトンボはハグロトンボより羽化時期が早く、近畿地方で3月、4月に終齢幼虫になっているのはアオハダトンボの可能性が高い。この時期ではハグロトンボは若齢幼虫が多い。羽化を待って判断するのもよい。♀の終齢幼虫または羽化殻ではアオハダトンボは翅芽の偽縁紋部分の翅脈が少し曲がっている。

羽化殻の翅芽の翅脈

アオハダトンボ　♀　　ハグロトンボ　♀

ミヤマカワトンボ　体長約49～57mm。頭幅約4.9mm。岸辺の植物の根、落ち葉のあるところや沈んだ流木の陰などで見られる。

カワトンボ科の5種を比較すると、ミヤマカワトンボは触角第1節が特に長く（頭幅の1.5倍）他の種と見分けられる。

アサヒナカワトンボ　体長約22～30mm。頭幅約4.7mm。水中の落ち葉の中や岸辺の植物の根につかまっている。

カワトンボ科触角・中央欠刻比較

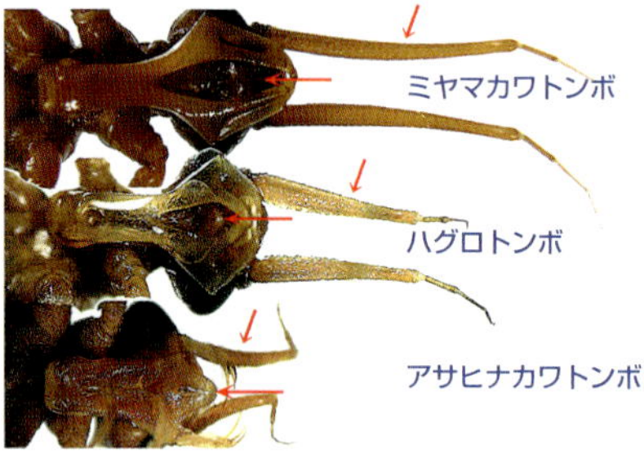

ニホンカワトンボ　体長約23～30mm。頭幅約4.9mm。岸辺の植物の根につかまっている。

アサヒナカワトンボとニホンカワトンボは他の種より触角、尾鰓が短く、中央欠刻も小さい。この両種はよく似ているが、ニホンカワトンボのほうが大きく、尾鰓の先が角張っていることで見分けられる。しかし、中には紛らわしい尾鰓もあるので注意すること。

アサヒナカワトンボ　　ニホンカワトンボ

ムカシトンボ科

河川の源流域に生息している。

ムカシトンボ　体長約20～24mm。頭幅約6.1mm。川底の安定した急流の石の下などにへばりついている。羽化の約1ヶ月前には水から出て、羽化するまで石の下などで過ごす。体型と腹部第3～7節に発音やすりがあることで他の種と見分けられる。

ムカシトンボの発音やすり

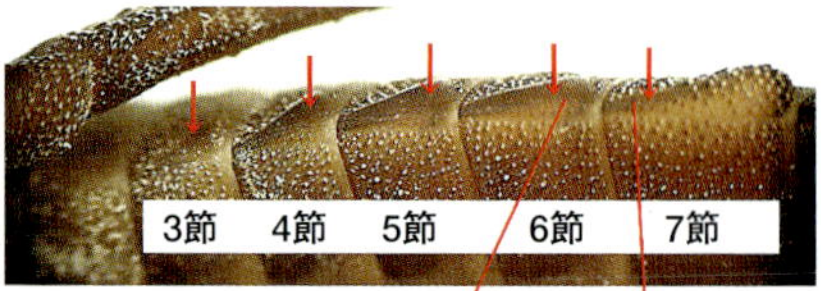

腹部第6節と7節の拡大図

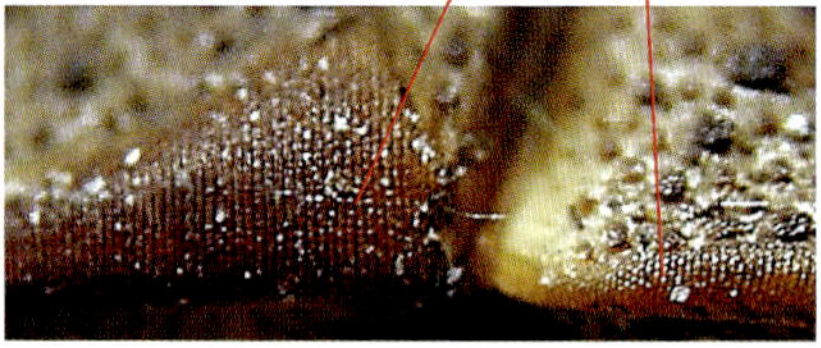

ムカシヤンマ科

ムカシヤンマ　体長約30～32mm。頭幅約8.3mm。水分の多い斜面に穴を掘って、その中で生活する。生息環境及び腹部背面の2列の剛毛束と体型から他の種と見分けられる。

オニヤンマ科

オニヤンマ　体長約45～52mm。頭幅約11.2mm。広範囲の流水域に生息する。水底の砂泥中や落ち葉の下などに浅く潜って生活する。近畿地方では　下唇中片の中央に切れ込みがある種はオニヤンマ1種だけである。

オニヤンマ　下唇

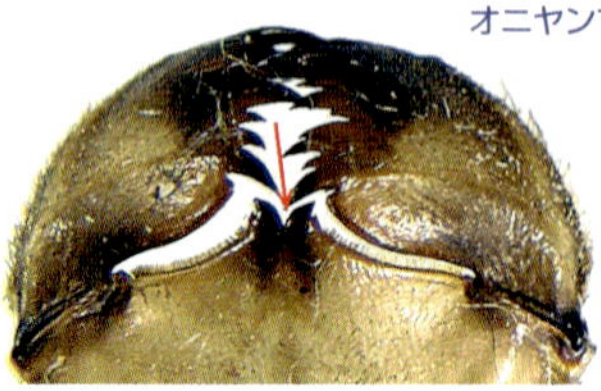

サナエトンボ科

ほとんどの種は流水域に生息しているが、オグマサナエ、フタスジサナエ、コサナエ、ウチワヤンマ、タイワンウチワヤンマは止水域が中心である。サナエトンボ科の中で翅芽がハの字型に開いているのはアオサナエ、オナガサナエで、ダビドサナエ属のダビドサナエ、クロサナエ、ヒラサナエは少し開いている。その他では翅芽は開いていない。ただし、羽化殻では開いているものもある。

ミヤマサナエ 体長約25～27mm。頭幅約5.2mm。淀みの砂泥中に浅く潜っている。ホンサナエと似ているが、より体が平らで腹部第9節の形状も幅と長さの比などが異なる。ミヤマサナエは側棘が腹部第7～9節、背棘が第9節にある。ホンサナエは西日本産は側棘が腹部第6～9節にあるものが多い（ただし関東より北では6節に側棘がないものが多いという)。背棘は東海・関西地方では腹部第8、9節にある(関東では第8節のみにあるという)。若齢ではダビドサナエ属に似ているが、ミヤマサナエは触角が細いことで見分けられる。

羽化殻比較

メガネサナエ 体長約34～41mm。頭幅約6.0mm。やや水深のある砂底で生活する。

ナゴヤサナエ 体長約34～39mm。頭幅約6.0mm。砂泥中に浅く潜って生活する。キイロサナエに少し似ているが、メガネサナエ属には前肢、中肢の脛節先端外側にはっきりした突起がないことで見分けられる（右段参照)。

オオサカサナエ 体長約29～38mm。頭幅約5.8mm。湖底や川底の砂泥中に浅く潜って生活すると考えられる。

メガネサナエ属羽化殻　比較

メガネサナエ、ナゴヤサナエ、オオサカサナエは腹部第9節の長さと形で見分けることができる。しかし、メガネサナエとオオサカサナエの幼虫は羽化のため岸に上がってくる以外見かけることはあまりないので、ここでは羽化殻を示した。

ホンサナエ 体長約27～32mm。頭幅約5.5mm。砂泥中に浅く潜って生活する。流水種だが、一部止水域にも生息する。ミヤマサナエによく似ている(→左段ミヤマサナエ参照)。ただし羽化時期が違う。

ヤマサナエ 体長約32～38mm。頭幅約6.7mm。岸辺の植物の根際の砂泥中で見られることが多い。側棘は普通腹部第6～9節にある。ただし四国のように第6節に側棘のない個体が多い地方もある。

キイロサナエ 体長約30～38mm。頭幅約6.7mm。淀みの砂泥中で見られる。側棘は普通腹部第7～9節にあるが、稀に第6節にも出る個体がある。

アジアサナエ属羽化殻　腹部第9節比較

ヤマサナエ、キイロサナエの幼虫はよく似ているが、腹部第9節はキイロサナエのほうが横幅が狭いので、慣れれば区別できる。しかし羽化殻では分かりにくいことがある。

脛節先端比較

アオサナエ 体長約29～33mm。頭幅約6.0mm。やや流れの速い砂底に潜って生活している。触角は細く棒状で腹部第2～9節には鉤型になった背棘がある。側棘は腹部第2～9節にある。腹部第7節背面に淡色斑が出ることが多い。

オナガサナエ 体長約26～32mm。頭幅約6.0mm。アオサナエより流れの速い砂礫の下などで見られる。アオサナエに似るが、触角第3節は長楕円状。また腹部第2～9節にある背棘が円丘状で側棘が腹部第7～9節にある点でも区別できる。

コサナエ　体長約21～24mm。頭幅約4.5mm。多くは止水域の泥の中に浅く潜って生活している。
フタスジサナエ　体長約24～27mm。頭幅約5.1mm。止水域の泥中に浅く潜って生活する。

羽化殻　腹部第10節比較

オグマサナエ　体長約22～30mm。頭幅約4.9mm。止水域の泥中に浅く潜って生活する。
タベサナエ　体長約21～27mm。頭幅約5.4mm。止水域、流水域の泥中に浅く潜って生活する。

コサナエ、フタスジサナエ、オグマサナエ、タベサナエの中で、タベサナエにははっきりした背棘が腹部第4～9節にあり腹部第10節も明らかに短いので見分けられる。後の3種は腹部第10節の長さで見分ける。長さはコサナエが最も短く、次にフタスジサナエでオグマサナエが最も長い。しかし個体差もあり、特に水に浮いている羽化殻では判断が難しい場合が多い。

肛上片瘤《こうじょうへんりゅう》比較

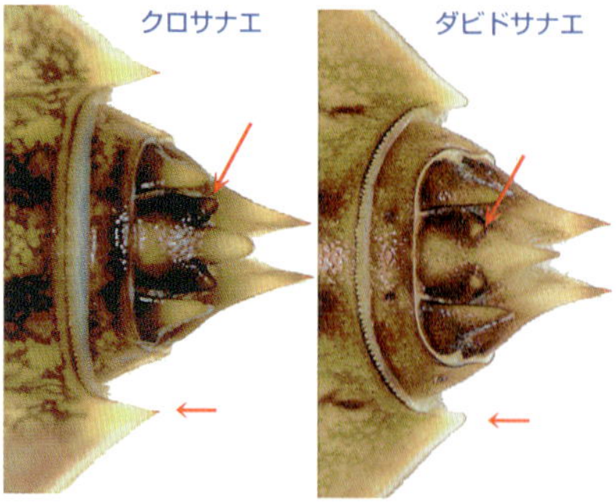

ダビドサナエ　体長約19～21mm。頭幅約5.0mm。砂泥中に浅く潜って生活する。
クロサナエ　体長約19～22mm。頭幅約5.0mm。砂泥中に浅く潜って生活するが、淀みに溜った落ち葉の下などでもよく見られる。
ヒラサナエ　体長約17～21mm。頭幅約4.2mm。砂泥中に浅く潜って生活する。

ダビドサナエ属頭部比較

ダビドサナエ　クロサナエ　ヒラサナエ

上記ダビドサナエ属3種はよく似ているが、ヒラサナエは後頭角に突起があるので見分けられる。ダビドサナエ、クロサナTの♂は肛上片瘤の大きさで見分けることができる。ダビドサナエの肛上片瘤は小さいが、クロサナエのそれは大きく、側方に張り出している。また、腹部第9節の側棘の先端がクロサナエではとがり、ダビドサナエではとがらない傾向が強いが、確実な区別点とはいえない。
ヒメクロサナエ　体長約20～23mm。頭幅約5.6mm。砂泥中に浅く潜って生活する。背棘はない。
ヒメサナエ　体長約18～19mm。頭幅約4.8mm。やや流れの速い砂礫の下などで生活している。ヒメクロサナエと似ているが、ヒメサナエには先端が丸みのある背棘があるので見分けられる。
オジロサナエ　体長約18～22mm。頭幅約3.9mm。ヒメサナエと違って岸近くに溜った砂の中でよく見られる。触角第3節が三角形をしていることで他の種と見分けられる。

触角比較

ヒメクロサナエ　ヒメサナエ　オジロサナエ

上記3種は、羽化殻は別として、ダビドサナエ属のように翅芽は開かない。また触角の形状も異なる。
コオニヤンマ　体長約35～40mm。頭幅約7.6mm。抽水植物の根際や砂礫の隙間、淀みに溜った落ち葉の下などで見られる。似ている種は他にない。
ウチワヤンマ　体長約39～44mm。頭幅約8.3mm。やや水深の深い場所で生活するらしく、採集は困難である。似ている種は他にない。
タイワンウチワヤンマ　体長約27～30mm。頭幅約7.5mm。池の底面で生活する。似ている種は他にない。

ヤンマ科

止水域に生息する種が多いが、ミルンヤンマ、コシボソヤンマは流水域のみに生息し、腹部第8節背面に淡色斑があることが多い。サラサヤンマは、他のヤンマ科と体型が明らかに異なり、コシボソヤンマは後頭角にトゲ状の突起がある。この2種以外のヤンマ科の幼虫を見分けるには、まず頭部の形を見て大きく3つに分けて考える。1つは頭部が逆台形に近い形状のアオヤンマ、ネアカヨシヤンマのアオヤンマ属の2種。2つ目は複眼が大きく後方まで伸び、全体として丸みのある形の頭部をもつギンヤンマ、クロスジギンヤンマ、オオギンヤンマのギンヤンマ属3種。3つ目は複眼が側方に張り出しているその他のヤンマと考えればよい。

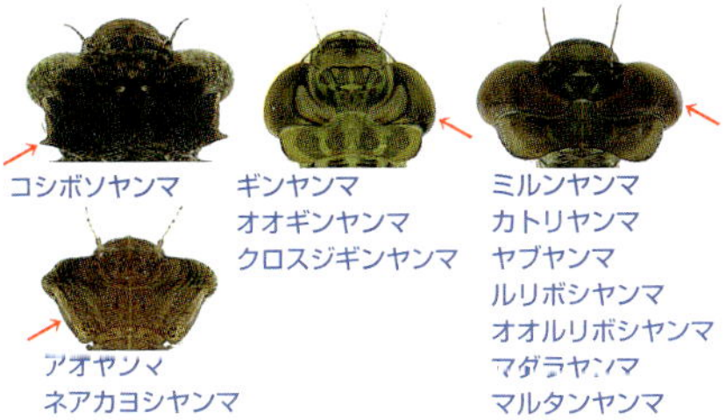

サラサヤンマ　体長約28〜34mm。頭幅約6.2mm。羽化するために出てくる以外、幼虫はほとんど見かけないが、湿地中の倒木や石の下、落ち葉の裏側で見られることがある。触角が長い。

コシボソヤンマ　体長約40〜46mm。頭幅約9.1mm。岸の植物の根や抽水植物につかまっていることが多い。後頭角にあるとげ状の突起と、外側に突き出たはっきりした側棘で他種と見分けられる。

ミルンヤンマ　体長約34〜35mm。頭幅約8.3mm。岸の植物の根や小さな流木や落ち葉につかまっている。コシボソヤンマに似ているが、後頭角の鋭い突起はない。

アオヤンマ　体長約41〜46mm。頭幅約8.6mm。抽水植物付近で見られる。また、水中にある枯れた植物の茎につかまっていることもある。頭部など特徴のある外形をしており、他と見分けられる。ネアカヨシヤンマに似るが、背棘がない。

ネアカヨシヤンマ　体長約39〜46mm。頭幅約9.0mm。抽水植物付近や落ち葉の下などで見られる。腹部第8、9節に背棘があるが、これはヤンマ科では本種だけの特徴である。

次の6種は側棘数、下唇の形や長さ、下唇側片の先端部の幅、♀の原産卵管の長さなどで見分ける。

下唇比較

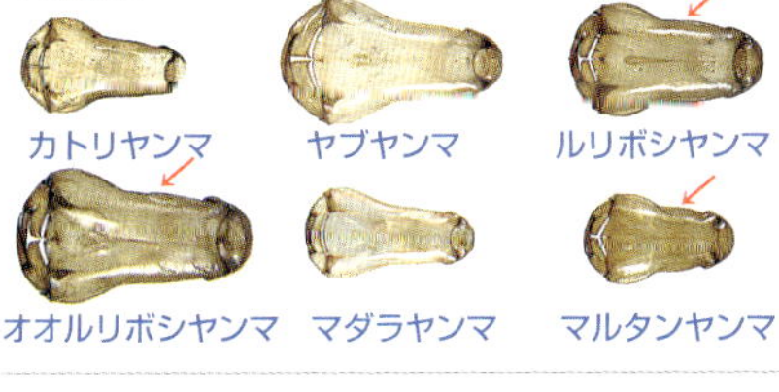

カトリヤンマ　体長約35〜38mm。頭幅約7.2mm。水中の植物や落ち葉につかまっている。細身で下唇側片に長い刺毛があり、可動鉤の刺毛は短いのが特徴。♀の原産卵管は腹部第10節後端に達するほど長い。

ヤブヤンマ　体長約42〜51mm。頭幅約8.1mm。堆積した落ち葉の中で見られる。下唇側片の先端部の幅が特に広く、♀の原産卵管が腹部第10節後端に達するほど長いのが特徴。

下唇側片比較

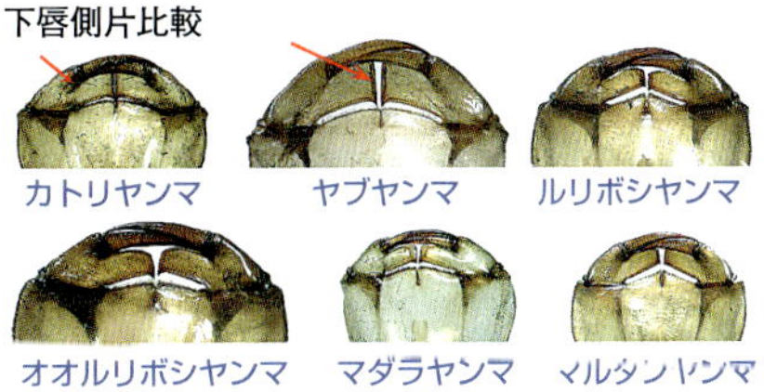

原産卵管比較

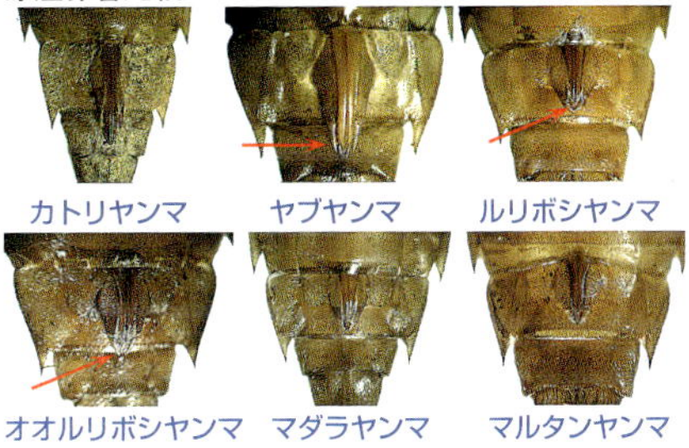

ルリボシヤンマ　体長約43〜50mm。頭幅約9.5mm。水生植物周辺や水底で見られる。オオルリボシヤンマより下唇は短く、側棘は腹部第6〜9節にあるが、第6節のものは不明瞭。

オオルリボシヤンマ　体長約44〜54mm。頭幅約9.8mm。水生植物周辺や水底で見られる。ルリボシヤンマに似るが本種のほうが下唇が長く、側棘は腹部第6〜9節にある。頭部の複眼の後ろから後頭縁に向かう淡色部がある。また、肛錐が長い個体が多い。

側棘と頭部他比較

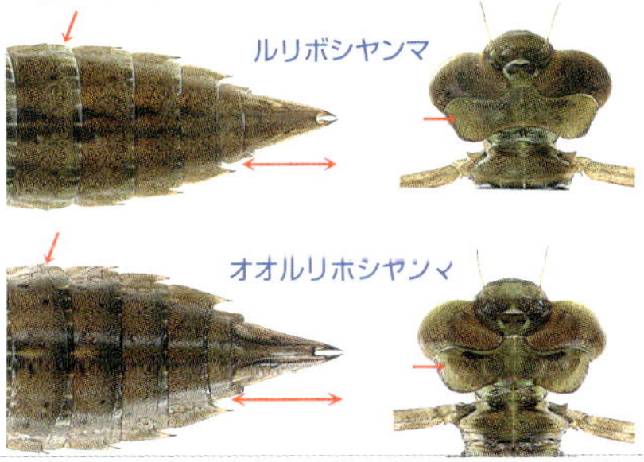

マダラヤンマ　体長約33〜36mm。頭幅約7.7mm。植物の根際で見られるという。側棘は腹部第6-9節にある。下唇は細長い。

マルタンヤンマ　体長約38〜41mm。頭幅約8.1mm。浅い水域の抽水植物の付近で見られる。側棘は腹部第6〜9節にある。下唇はルリボシヤンマよりさらに短い。可動鉤上に長い刺毛列があるのが特徴で、マダラヤンマ、ルリボシヤンマではこの刺毛列はごく短く目立たない。

可動鉤と下唇側片の刺毛

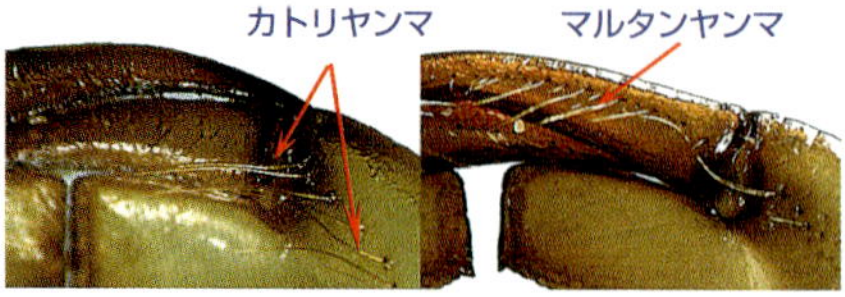

ギンヤンマ　体長約42〜51mm。頭幅約9.0mm。抽水植物の根際や水底で見られる。

オオギンヤンマ　体長約50〜52mm。頭幅約9.5mm。水生植物周辺や水底で見られる。

クロスジギンヤンマ　体長約46〜51mm。頭幅約9.0mm。水生植物周辺や落ち葉の下などに見られる。

上記ギンヤンマ属3種ではオオギンヤンマの下唇が特に長く、ギンヤンマ、クロスジギンヤンマと見分けられる。また、ギンヤンマの下唇側片の先端部外縁は直角に近いカーブをしており、なだらかなカーブをしたクロスジギンヤンマと見分けられる。ただし、若齢幼虫では下唇側片の先端部の形はどれもギンヤンマに近く、これで見分けることができるのは終齢幼虫近くになってからである。

ギンヤンマ属下唇比較

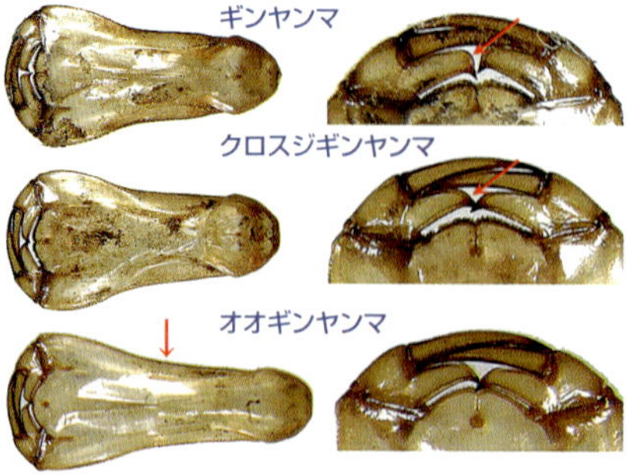

エゾトンボ科

コヤマトンボ、キイロヤマトンボ、オオヤマトンボは体型から他のエゾトンボ科と見分けられる。

コヤマトンボ　体長約26〜35mm。頭幅約8.5mm。流水域に生息し、砂泥や淀みの堆積物に浅く潜っているか、川岸の植物の根際や水生植物につかまっている。頭部前縁に突起がある。爪はキイロヤマトンボより短い。背棘は腹部第2〜10節にある。

キイロヤマトンボ　体長約29〜30mm。頭幅約7.2mm。流水域に生息する。流れの緩やかな砂泥中に浅く潜って生活する。頭部前縁に突起がある。爪が長い。背棘は腹部第3〜9節にある。胸部の翅芽上部と後肢付け根の間にはっきりした目玉模様がある。

爪比較

オオヤマトンボ　体長約34〜40mm。頭幅約8.0mm。止水域に生息する。岸からやや離れた水底で生活する。下唇は他のエゾトンボ科のようにマスク状ではなく、下唇側片に大きくとがった牙状の歯がある。刺毛はない。後頭角にとがった突起がある。

エゾトンボ　体長約22〜25mm。頭幅約6.7mm。湿地や滞水に生息する。水中の落ち葉や泥中に浅く潜って生活する。

ハネビロエゾトンボ　体長約22〜25mm。頭幅約7.2mm。緩やかな流れの流水域に生息する。細流の途中に溜った落ち葉の下や石の陰などで見られる。

タカネトンボ　体長約21〜25mm。頭幅約6.7mm。止水域に生息する。沈積した落ち葉の下などで見られる。

背棘比較

上記3種はいずれも腹部第3〜9節に背棘、第8、9節に側棘があり、よく似ているが、腹部第8、9節の背棘の形で大体見分けられる。エゾトンボの背棘は細長く、後方に伸びている個体が多い。ハネビロエゾトンボの背棘は太く、先端が立ち上がる傾向が強い。タカネトンボの腹部第9節の背棘の先端は短く、やや下方に曲がる傾向がある。

トラフトンボ　体長約21〜25mm。頭幅約5.8mm。止水域に生息する。水生植物の付近で見られる。頭部複眼の後ろに小さな突起がある。これは1齢幼虫の角状突起が徐々に小さくなって残ったものである。背棘は腹部第2〜9節、側棘は第8、9節にある。

トンボ科

【注意】トンボ科各種の生息場所についてはアカネ属も含め、各種解説のページを参照のこと。

ハラビロトンボ　体長約15〜18mm。頭幅約5.0mm。腹部第4〜9節まではっきりした背棘がある（→p.226）。側棘は腹部第8、9節にある。

シオカラトンボによく似たシオヤトンボ、オオシオカラトンボ、ヨツボシトンボ、ベッコウトンボは背棘の有無、または数、体型などで見分ける。

シオカラトンボ　体長約21〜24mm。頭幅約5.3mm。背棘はない。ごく短い側棘が腹部第8、9節にある。

シオヤトンボ　体長約17〜22mm。頭幅約5.2mm。背棘は腹部第4〜7節にある。ごく短い側棘が腹部第8、9節にある。10齢以降の幼虫の側刺毛は5本。オオシオカラトンボより腹部最大幅が狭い。

背棘比較

ショウジョウトンボ

シオカラトンボ

シオヤトンボ

オオシオカラトンボ

ヨツボシトンボ

ベッコウトンボ

オオシオカラトンボ　体長約22〜24mm。頭幅約5.5mm。ごく短い側棘が腹部第8、9節にある。背棘は腹部第4〜7節にある。7齢以降の幼虫の側刺毛は7本。

ヨツボシトンボ　体長約20〜26mm。頭幅約5.9mm。側棘は腹部第8、9節にある。背棘は腹部第3〜8節にある。

ベッコウトンボ　体長約19〜24mm。頭幅約5.8mm。ヨツボシトンボに似るがやや小型で、背棘は腹部第3〜8節に加えて第9節にもあるのが特徴である。側棘は腹部第8、9節にある。

ハッチョウトンボ　体長約8〜9mm。頭幅約2.9mm。背棘はない。側棘は短く腹部第8、9節にある。複眼が側方に出ている。

アオビタイトンボ　体長約16〜19mm。頭幅約5.5mm。背棘は腹部第3〜8節にある。側棘は短く、腹部第8、9節にある。

コフキトンボ　体長約20〜23mm。頭幅約5.3mm。背棘は腹部第4〜9節にある。腹部第5節以降の背棘は稜状で側棘は短く、腹部第8、9節にある。

ショウジョウトンボ　体長約17〜24mm。頭幅約6.2mm。アカネ属に似た体型であるが、背棘はない。腹部第8、9節にある側棘はごく短い。

コシアキトンボ　体長約19〜22mm。頭幅約5.6mm。腹部第2〜10節に背棘がある。側棘は腹部第8、9節にある。腹部第9節の側棘は大きい。体型から見分けられる。

アメイロトンボ　体長約16〜20mm。頭幅約4.8mm。稜状の背棘がある。コフキトンボに少し似ているが、大きな肛上片、肛側片があるため、体型から見分けられる。背棘は腹部第3〜10節にある。腹部第6節以降の背棘は稜状である。ごく小さい側棘が腹部第8、9節にある。

チョウトンボ　体長約14〜18mm。頭幅約4.8mm。腹部が幅広く、腹部第10節は第9節に入り込んでいる。この体型から見分ける。

ハネビロトンボ　体長約25〜26mm。頭幅約7.2mm。背棘はない。腹部第8、9節の側棘は各腹節長より長い。肛上片は肛側片より短い。羽化殻では確認困難だが、前・中肢脛節に長毛がある。

コモンヒメハネビロトンボ　体長約24〜25mm。頭幅約7.1mm。背棘はない。腹部第8、9節の側棘は各腹節長より長い。肛上片は肛側片より短い。前・中肢脛節に長毛がある。幼虫はハネビロトンボと見分けるのは困難で、羽化させて確認したほうがよい。ただし本州での幼虫、♀成虫の記録はない。

ウスバキトンボ　体長約24〜27mm。頭幅約6.1mm。ハネビロトンボ属に似るが、前・中肢脛節の長毛はなく、腹部第2〜4節に背棘がある。特に腹部第2、3節のものははっきりしている。また、肛上片にハネビロトンボ属のような棘はなく、肛側片とほぼ同じ長さで頭部の形も異なる。

トンボ科アカネ属

アカネ属18種は卵越冬する種類が大半である。したがって幼虫が判別できるほどの大きさになっている時期は5、6月で、羽化の遅い種では7月になる。これらの種は体型がよく似ていて見分けるのが難しい。背棘の数と腹部第8、9節にある側棘の長さ、終齢幼虫であれば体長なども参考にして同定する。ただし体長は個体差や地域差があり、参考にならない場合がある。野外では、生息環境と羽化時期も種の見当をつけるポイントになる。タイリクアカネとコノシメトンボ、ミヤマアカネとマユタテアカネ、ナニワトンボとリスアカネ、ナツアカネとマダラナニワトンボ、キトンボとオオキトンボなどは同じ場所に生息することもあるので注意すること。

次に、トンボ科アカネ属を4つのグループに分けて解説する。なお、「腹部第○節長」などは側棘を除いたその節の長さを表すので注意すること。

①背棘が腹部第9節にもあるグループ

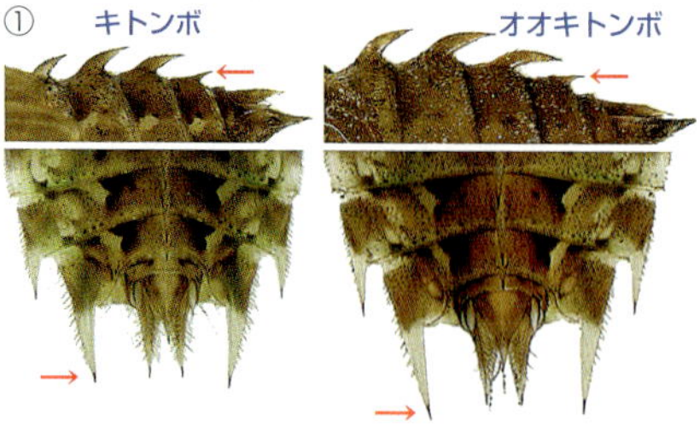

キトンボ　体長約17～19mm。頭幅約6.2mm。背棘は腹部第4～9節にある。腹部第8節の側棘は腹部第8節長とほぼ同じ長さである。腹部第9節の側棘は腹部第9節長よりやや長い。

オオキトンボ　体長約19～23mm。頭幅約6.6mm。背棘は腹部第4～9節にある。腹部第8節の側棘は腹部第8節長よりやや短い。腹部第9節の側棘は腹部第9節長よりやや長い。

②側棘が短く、腹部第8節の側棘の先端が腹部第9節の後縁に達しないグループ

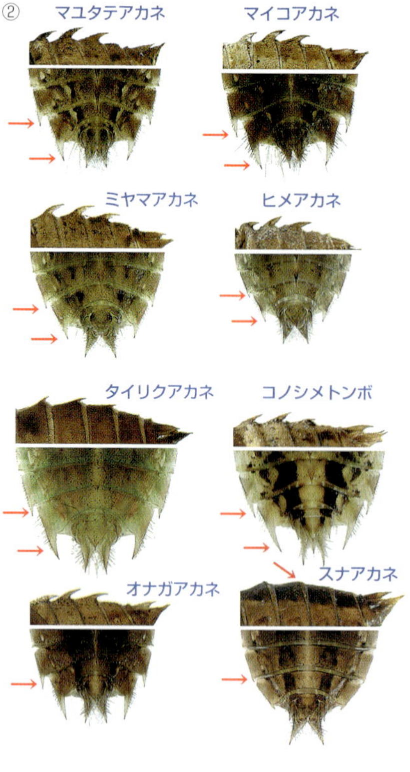

マユタテアカネ　体長約13～17mm。頭幅約4.9mm。背棘は腹部第4～8節にある。腹部第8節の側棘は腹部第8節長の0.5倍以下である。腹部第9節の側棘は腹部第9節長より短い。

マイコアカネ　体長約13～16mm。頭幅約4.8mm。背棘は腹部第4～8節にある。腹部第8節の側棘は第8節長の0.5倍以上で、腹部第9節の半ばまで達する（マユタテアカネでは第9節のせいぜい1/3程度まで。ただしいずれも個体差がある）。腹部第9節の側棘は第9節長とほぼ同じ長さである。

ミヤマアカネ　体長約12～16mm。頭幅約4.9mm。背棘は腹部第4～8節にある。腹部第8節の側棘は腹部第8節長の約0.3倍である。9節の側棘は腹部第9節長の約0.5倍である。マユタテアカネと似ているが、下唇が短いので、幅が広く見える。下唇側片の褐色斑はマユタテアカネ、マイコアカネより少ない。

ヒメアカネ　体長約11～14mm。頭幅約4.4mm。背棘は腹部第4～8節にある。腹部第8、9節の側棘、ともにごく短い。羽化時期が遅い。

下唇比較　下は羽化殻

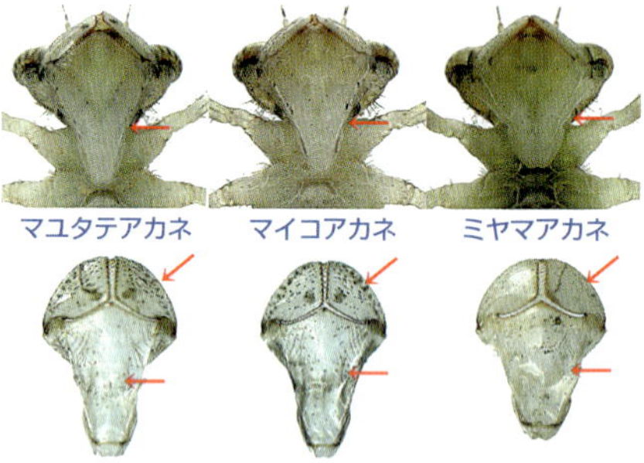

タイリクアカネ　体長約17～20mm。頭幅約5.6mm。背棘は普通腹部第4～8節にあるが、背棘がごく小さい個体や、欠けている個体もある。腹部第8節の側棘は腹部第8節長の0.5倍以下である。腹部第9節の側棘は腹部第9節長とほぼ同じ長さ。コノシメトンボに似ているが、側棘がコノシメトンボよりやや太い。下唇側片に褐色斑がある個体が多い。

コノシメトンボ　体長約15～18mm。頭幅約5.1mm。背棘は腹部第4～8節にある。腹部第8節の側棘は腹部第8節長の0.5倍以下である。腹部第9節の側棘は腹部第9節長とほぼ同じ長さ。タイリクアカネに似ているが、側棘がタイリクアカネより直線的でやや細い。また、多くの個体は腹部背面に独特の黒褐色斑がある。下唇側片の褐色斑がない個体が多い。

オナガアカネ　体長約12～16mm。頭幅約5.0mm。背棘は腹部第4～8節にある。腹部第8節の側棘は腹部第8節長の0.5倍以下である。腹部第9節の側棘は腹部第9節長よりやや短い。マイコアカネと見分けるのは難しい。

スナアカネ　体長約16～19mm。頭幅約5.4mm。背棘がないのが特徴。また腹部第8、9節の側棘はともにごく小さい。

③腹部第8節の側棘の先端が腹部第9節の後縁と並ぶグループ

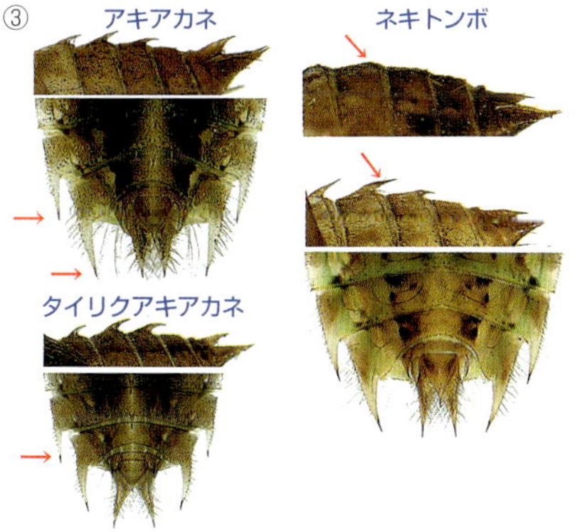

アキアカネ　体長約15～19mm。頭幅約5.7mm。背棘は腹部第4～8節にある。腹部第8節の側棘は腹部第8節長と同長で腹部第9節の後端にほぼ達する。腹部第9節の側棘は腹部第9節長の1.2～1.5倍あり、その先端は肛上片の先端と並ぶ。

タイリクアキアカネ　体長約14～16mm。頭幅約4.7mm。背棘は腹部第4～8節にある。腹部第8、9節の側棘の様子はアキアカネと同様である。

ネキトンボ　体長約16～20mm。頭幅約6.1mm。背棘のない個体から、腹部第4～8節にはっきりした背棘のある個体など個体差が大きい。腹部第8節の側棘は長さにばらつきがある。背棘が腹部第8節にない場合はすぐ見分けられるが、ある場合は腹部最大幅がやや広い以外、タイリクアカネ、アキアカネ、キトンボなどに似ており区別が難しい。4月や9月に終齢幼虫が見られることがある。

④腹部第8節の側棘の先端が腹部第9節の後縁を確実に越すグループ

多くのアカネ属は5月下旬から6月に羽化するがナツアカネとマダラナニワトンボの羽化期は他のアカネ属より遅く、④のグループの中では遅くに終齢幼虫が見つかる。

リスアカネ　体長約14～19mm。頭幅約5.5mm。背棘は腹部第4～8節にある。腹部第8、9節の側棘はともに長く、その各腹節長の1.5倍以上ある。腹部第9節の側棘は肛上片の先端とほぼ並ぶ。下唇側片全体にはっきりした褐色斑がある。

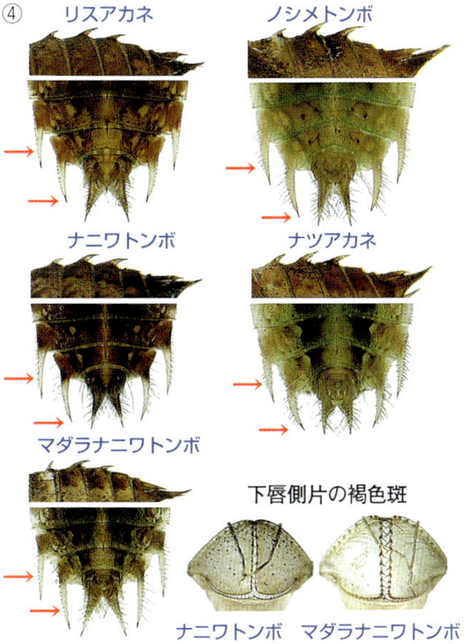

ノシメトンボ　体長約17～19mm。頭幅約5.6mm。背棘は腹部第4～8節にある。腹部第8、9節の側棘はともに長く、その各腹節長の1.5倍以上ある。腹部第9節の側棘は肛上片の先端を越える。リスアカネに似ているが、ノシメトンボの側棘はリスアカネより太く、やや長い。しかし区別は難しい。下唇側片に薄い褐色斑がある。

ナニワトンボ　体長約13～17mm。頭幅約4.6mm。背棘は腹部第4～8節にある。腹部第8、9節の側棘はともに長く、その各腹節長の1.5倍以上ある。腹部第9節の側棘は肛上片の先端とほぼ並ぶ。終齢幼虫でも淡色で大型の個体はリスアカネとよく似ている。下唇側片に褐色斑が多いことで、褐色斑がほとんどないマダラナニワトンボと見分ける。

ナツアカネ　体長約15～18mm。頭幅約5.8mm。背棘は腹部第4～8節にある。腹部第8、9節の側棘は、ともにその節の長さの1.5倍あり、腹部第9節の側棘は肛側片の先端と並ぶ。下唇側片に褐色斑がないか、または淡色の褐色斑がある。

マダラナニワトンボ　体長約13～17mm。頭幅約4.8mm。背棘は腹部第4～8節にある。腹部第8、9節の側棘はともに長く、その各腹節長の約2倍ある。側棘はナニワトンボより細く長い。また、下唇側片の褐色斑はあっても色が薄い。

和名索引

主要参考文献

安藤尚・岡田正哉・横地鋭典（1979）東海の昆虫　生態と見分け方．中日新聞本社．
青木典司（1998）神戸のトンボ．財団法人神戸市スポーツ教育公社．
新井裕（1972）埼玉県トンボ観察記．(自刊) 埼玉．
朝比奈正二郎（1961）日本昆虫分類図説－蜻蛉目・トンボ科．北隆館．
枝重夫（1976）トンボの採集と観察．ニュー・サイエンス社．
浜田康・井上清（1985）日本産トンボ大図鑑．講談社．
二橋亮・二橋弘之・荒木克昌・根来尚（2004）富山県のトンボ．富山市科学文化センター．
二橋亮（2007）カワトンボ属の最新の分類学的知見．昆虫と自然，42(8)：4-7．
環境省野生生物課編（2006）改訂・日本の絶滅のおそれのある野生生物5（昆虫類）．環境省．
関西トンボ談話会（1974）近畿地方のトンボ　第1部．大阪市立自然科学博物館．
関西トンボ談話会（1975－1977）近畿地方のトンボ 第2－4部．大阪市立自然史博物館．
関西トンボ談話会（2006）近畿のトンボ（データ編）．関西トンボ談話会．
川合禎次・谷田一三編（2005）日本産水生昆虫．東海大学出版会．
近畿のトンボ編集委員会（1984）近畿のトンボ．関西トンボ談話会．
宮崎俊行（1991）滋賀県南・西部のトンボ．滋賀県自然誌：1705－1723．滋賀県自然保護財団．
日本環境動物昆虫学会編（2005）トンボの調べ方．文教出版．
岡泉州（2004）2001年夏神戸にアオビタイトンボがいた．トンボと文化，(107)：5-9．
尾園暁・桜谷保之（2005）奈良県のトンボ相─1998年～2003年の調査記録─．
　近畿大学農学部紀要，(38)：71-155．
尾園暁・渡辺賢一・焼田理一郎・小浜継雄（2007）沖縄のトンボ図鑑．いかだ社．
清水典之（1992）トンボ　Dragonflies．(自刊) 愛知．
杉村光俊・石田昇三・小島圭三・石田勝義・青木典司（1999）原色日本トンボ幼虫成虫大図鑑．北海道大学
　図書刊行会．
杉村光俊・小坂一章・吉田一夫・大浜祥治（2008）中国・四国のトンボ図鑑．いかだ社．
蜻蛉研究会（1998）滋賀県のトンボ．滋賀県立琵琶湖博物館．
津田滋（2000）世界のトンボ分布目録 2000．(自刊) 大阪．
上田哲行（1979）ヒメアカネの交尾戦術－タンデムとガーディング．インセクタリゥム，16：180-185．
八木孝彦（2008）F.Vライブラリー　日本のトンボ（1-12）．(DVD自刊) 三重．
山本哲央（2003）イトトンボを見分ける（1）(2)．南大阪の昆虫，5(3)：18-21，(4)：5-9．
山本哲央（2007）近畿地方のトンボを見分ける（1）-(4)．南大阪の昆虫，9(1)：2-7，(2)：30-33，
　(3)：46-49，(4)：74-76．

会誌類

Gracile　関西トンボ談話会
Tombo　日本蜻蛉学会
Aeschna　蜻蛉研究会
Sympetrum　Hyogo 兵庫トンボ研究会

著者紹介
山本哲央　やまもと てつお　1956年大阪府大阪市生まれ
新村捷介　しむら しょうすけ　1938年兵庫県芦屋市生まれ
宮崎俊行　みやざき としゆき　1952年京都府宮津市生まれ
西浦信明　にしうら のぶあき　1958年大阪府泉南市生まれ

近畿のトンボ図鑑

2009年7月7日　初版第1刷発行

著者　山本哲央・新村捷介・宮崎俊行・西浦信明©

造本者　大竹左紀斗　協力 渡辺美知子

編集協力　株式会社 中山舎

発行人　新沼光太郎

発行所　ミナミヤンマ・クラブ株式会社
〒102-0072 東京都千代田区飯田橋 2-4-10 加島ビル
Tel.03-3234-5520　Fax.03-3234-5526
振替 00170-4-544081
http://www.minamiyanmaclub.jp/
info@minamiyanmaclub.jp

発売元　株式会社 いかだ社
〒102-0072 東京都千代田区飯田橋 2-4-10 加島ビル
Tel.03-3234-5365　Fax.03-3234-5308
振替 00130-2-572993
http://www.ikadasha.jp
info@ikadasha.jp

印刷・製本　株式会社 ミツワ

乱丁・落丁の場合はお取り替えいたします。

ISBN978-4-87051-270-2